書山有路勤為徑
學海無崖苦作舟

文經閣

書山有路勤為徑

學海無崖苦作舟

文經閣

日本經營の神

松下幸之助的經營智慧

經營，是人類活動的必然現象，
只要有人類活動的地方就有「經營」。
國家需要經營；家庭需要經營；
要完成人生目標，也需要經營。
經營，其實是一種常識，
就像雨天打傘，晴天收傘一樣。

大川修一 編著

無論你多麼的懊悔
都無法改變逝去的過往
現在，你不用過多地擔心未來
你只要盡你所能的把握當下
努力、努力、再努力

松下幸之助

成功的秘訣就是：
到成功為止絕不放棄

成功的秘訣就是：
到成功為止絕不放棄

松下幸之助與妻子 1962 年

成功的秘訣就是：
到成功為止絕不放棄

日本經營之神　松下幸之助

【松下幸之助 簡介】

松下幸之助是日本著名的企業家，被譽為「經營之神」，他創造的一套經營管理制度風靡全世界，有專家稱讚松下幸之助是世界級的管理天才。由最初的只有3個人的小作坊開始，經歷幾十年的努力拚搏，發展成為現今享譽全球的松下電器公司，白手起家的松下幸之助創造了一個傳奇。

1894年，松下幸之助出生於日本和歌山縣。小時候家境貧寒，只接受了4年正式教育的松下幸之助就輟學去給人當學徒，此時的松下年紀不過9歲。最初，他是在火盆店給人當學徒，之後，在別人的介紹之下，又轉為一家自行車店學徒。在7年的學徒生涯裡，松下幸之助鍛鍊出了勤勉的品格，並一直將勤勉努力當作為人處世的一大原則。

松下幸之助工作勤勉，頗受老闆看重。經過幾年的發展，自行車也越來越普遍，就在這時候，15歲的松下幸之助決定辭職。因為當時大阪市正計畫在全市鋪設電車，松下幸之助意識到自行車行業勢必受到擠壓，於是辭職後轉投電器行業。從此，松下幸之助便與電器結下了不解之緣。

松下幸之助第一份與電器有關的工作是在一家電燈公司當內線員見習生，做屋內配線員的助手。

因為松下幸之助聰明勤奮，三個月後，年僅16歲的他就轉為正式工。在電燈公司擔任技術工期間，松下幸之助就著手研究電燈插座的改良設計，花費其大量心血的最終產品卻沒有得到認可，再加上其他原因，松下幸之助再次辭職，決定自立門戶。

做出這個決定是非常不容易的，因為當時只有100日圓的資金和3個員工，但松下幸之助並沒有因此退縮，既然選擇了就勇往直前地走下去。1918年，23歲的松下幸之助在大阪建立了「松下電氣器具製作所」。資金短缺、人手不夠，而且在技術方面不甚明瞭的松下幸之助對於管理和銷售也是一無所知，其經營的慘澹之狀可想而知，松下幸之助為了維持生計，不得不把自己和妻子的衣物首飾送進當鋪。55年後的一天，松下幸之助偶然發現一本年輕時典當衣物的帳冊，依據帳面上的記載，從1917年4月13日到1918年8月止，他共有十幾次將他妻子的衣服首飾等物送進當鋪。

儘管一路苦苦支撐而且漸露不支的狀態，但松下幸之助認為，既然走到這一步了就不能半途而廢，否則前功盡棄，而且他深信這項工作的前景非常光明，所以他咬著牙繼續堅持下去。終於事情出現了轉機，一家生產電風扇的廠商看上了松下幸之助生產的合成塑膠。該廠商需要松下幸之助為他們生產電風扇底盤，訂單的持續下達讓松下幸之助的生意逐漸紅火。1918年，歷時4年的第一次世界大戰結束。戰爭及戰後帶來了銷售旺盛的景象，日本工業生產每年連續保持30％的高速度增長，日本全面進入了電器時代。

雖然松下幸之助此前一直在做電風扇底盤的生意，但是對於電氣方面的生意，松下幸之助仍然是不改初衷，更何況是在這樣的一個時代背景下。所以在生產底盤的同時，松下幸之助也著手開發電氣方面的產品，除了他早已著手研究的插座之外，主要是附屬插頭。松下幸之助生產的附屬插頭實用且又便宜，廣受好評，產品也一路暢銷。松下電器便由此打入電器行。

20世紀20年代，日本主要的代步工具是自行車。松下幸之助在與客戶接洽業務時，經常要騎自行車外出。可是當時有一個不便之處，就是天黑的時候不好趕路。因為當時的車燈普遍是煤油燈，容易被吹滅。於是松下幸之助就想生產一種方便實用的自行車燈，經過松下幸之助親身設計，在6個月的上百次試驗後，松下幸之助終於生產出炮彈形電池燈。炮彈形電池燈的成功，讓松下幸之助大喜過望。當時的情況，幾乎沒有一個地方不在使用他們生產的電池燈。除了當作車燈以外，電池燈還被用來當作手提燈。炮彈形電池燈的成功，對松下電器的發展有著莫大的貢獻，是松下電器發展史上一座重要的里程碑。

1927年，松下電器成立電熱部，計畫生產電熨斗。當時電熨斗的價格為4到5日圓之間，因為價格昂貴，其在全日本的年銷量也不超過10萬只。松下幸之助對此感嘆道：「這麼方便實用的東西，但是因為價錢昂貴，以致許多想要擁有的人望而卻步。如果降低價格至普通人都能夠接受的話，其銷量一定會迅速上升。」於是松下幸之助決定，以大規模生產來降低價格，每月生產1萬只，銷售價格則降為3.2日圓。結果如松下幸之助所料，松下電器的電熨斗大獲成功，不但松下電器收益可觀，而且普通大眾也因為物美價廉的產品而獲益不少。

基於這種思想，松下幸之助提出了他的「自來水哲學」。他曾解釋，自來水是有價值的，偷取有價值的東西就會遭到處罰。儘管如此，但是誰要去打開別人的水龍頭喝上一點，估計也不會有人去加以責備。道理很簡單，因為自來水有豐富的資源。如果生產者把生產出的物品變得如自來水一樣豐富，那麼再貴重的物品都會降低價格。松下幸之助說：「經營的最終目的不是利益，而只是將寄託在我們肩上的大眾的希望透過數字表現出來，完成我們對社會的義務。企業的責任是：把大眾需要的東西，變得像自來水一樣便宜。」在這種思想的指導下，松下電器大規模地生產物美價廉的產品，普通大眾在松下電器的不斷實踐中獲益。

20世紀20年代末，收音機是風靡一時的新產品，因為其市場前景不錯，所以有許多代理商勸松下電器製造收音機。這個提議引起了松下幸之助的關注，他自己使用的收音機也頻頻出現故障，這也是收音機市場普遍存在的毛病。所以，松下幸之助就考慮製造無故障收音機，這種產品的市場前景肯定十分可觀。松下幸之助立即派人進行市場調查，根據調查的結果，松下幸之助研究後決定聯手一家製造技術優良的廠商。但是該廠商生產出的產品和其他市場上的收音機一樣，也是會出現故障。所以不但收音機銷售不理想，就連松下電器的其他產品的銷售情況也受到了影響，松下電器在利潤和信譽方面嚴重受損。

為了挽回聲譽，松下幸之助決定由松下電器來製造收音機。可是在松下電器，根本就沒有具備相關技術的員工，可松下幸之助本著「體積這麼大的機器，應該可以做得更牢固」的想法，霸王硬上弓，終於在3個月後製造出了無故障收音機。無故障收音機的問世，讓松下電器再一次取得了飛躍式的發展。

1933年，松下幸之助採用事業部制度。該制度是以某個產品、地區或顧客作為依據，將相關的研究開發、採購、生產、銷售等部門結合成一個相對獨立單位的組織結構形式。事業部分公司能夠自主經營，決策權並不完全集中於總公司的最高管理層，這樣有利於統一管理以及獨立核算。而總公司在擺脫日常事務後，能夠集中精力進行重大決策的研究。

1934年，松下電器開辦員工培訓學校，松下幸之助本著「以人為本」的經營理念將培育人才以及留住人才當作公司的根本。

第二次世界大戰結束後，作為戰敗國的日本經濟遭到嚴重打擊。而盟軍對日本經濟進行的調整措施，對松下電器和松下幸之助更是一個致命的打擊。為戰爭提供生產軍需品的松下電器被迫接受盟軍的解散制裁，松下電器面臨著有史以來最嚴峻的危機。這個時候，松下幸之助堅毅的精神以及平素裡樹立的形象幫了他的大忙，讓瀕臨倒閉的松下電器得以起死回生。雖然得免制裁，但是戰敗後的經濟不景氣還是讓松下電器遭到了重創。松下幸之助迅速應對調整，制定了一些合乎時代的政策，如全體員工薪津制、八小時勞工制等；同時，松下對工廠進行整頓，開始重建經營，進行機構改革，並重點加強銷售網；這些措施為松下電器在戰後復興與發展奠定了基礎。

朝鮮戰爭爆發後，美國就近取材，所以日本的經濟得以迅速回升，松下電器在此期間也得到了極大的發展。此時的松下電器已經儼然成為電器界的巨人，但松下幸之助並沒有被大好形勢沖昏頭腦，而是以「重新開業」的心態投入到松下電器的下一步發展。1951年1月，松下幸之助決定親身調查海外市場，以引進國外的先進技術。

1952年，松下幸之助促成松下電器與荷蘭飛利浦公司的技術合作。此次與飛利浦公司的合作，不但使得松下電器的產品品質提升達到了國際水準，而且松下電器在此期間也建立了本身獨特的技術基礎，即開設自己的中央研究所。

經過不斷發展，松下電器因其獨特的經營理念，如「自來水哲學」、「玻璃式經營」、「水壩式經營」，而逐漸蜚聲國際。1962年2月，美國《時代》雜誌將松下幸之助作為封面人物，對松下幸之助和松下電器進行了專題報導，文中對白手起家的松下幸之助給予了很高的評價。

1989年，松下幸之助以松下電器顧問的身分去世，享年94歲。

自松下幸之助創業以來，經過很長時間的奮鬥，松下電器已經成為世界著名的綜合性的大型電子企業，在全世界設有230多家公司，員工總數超過25萬人。松下電器以「為了使人們生活變得更加豐富、更加舒適，並為了世界文化的發展做出貢獻」為經營理念從事著企業經營活動，得到了許多人的尊敬。

毫無疑問，現今的松下電器公司已經是一個世界級的大型企業，你幾乎可以在世界的任何一個角落看得到松下電器的身影。松下幸之助的事蹟和作風也廣為人知。由白手起家，到創立一個國際性的巨型企業，松下幸之助被稱為奇蹟。其本人的事蹟以及經營哲學和管理方法，乃至他為人處世的方法都引起了人們廣泛的關注。而其中對其加以研究和效仿的也是大有人在。

美國企業管理專家的論斷，大體上能代表西方經管界對松下的評斷。他們最後對松下評說道：「松下似乎同時擁有很多人的智慧和才能，但我們卻似乎很難找出哪一位西方經理人是同時擁有這麼多才能的。如果說松下幸之助使日本擁有了世界級的管理天才，這絕不應該視作誇大其詞。在松下身上，同時擁有了美國運通汽車前總裁史隆的管理才能，以及西爾斯百貨公司前執行長伍德將軍的銷售本領。」

1 年少時的苦難對人生來說是幸福的

松下幸之助對中山鹿之助的行為發表看法：「我想，鹿之助祈求七難八苦，用意是想透過種種困境來考驗自己，激勵自己。」對於強者來說，苦難是無可避免甚至是不可或缺的，只有透過苦難的考驗才能得到真正的成功，沒有與艱苦困頓鬥爭的經歷就不是真正的人生。

日本戰國時代的著名英雄中山鹿之助，每次向神明祈禱時，禱告內容只有一件事情，他總是說：「請給我七難八苦！」一般人對神明的祈禱，其內容雖然各有不同，但大體上都基於一個美好的願望：有人希望自己得到平安和幸福，有的人則對財富和權力充滿渴望……但沒有人希望神明賜予更多的苦難。所以對中山鹿之助這種祈求苦難的行為，常人都覺得是一件不可思議的事情。

對於中山鹿之助這種異於常人的行為，松下幸之助的看法是：「我想，鹿之助祈求七難八苦，用意是想透過種種困境來考驗自己，激勵自己。」對於強者來說，苦難是無可避免甚至是不可或缺的，只有透過苦難的考驗才能得到真正的成功。松下對中山鹿之助的行為深表贊同，在他看來，沒有與艱苦困頓鬥爭的經歷就不是真正的人生。

松下最初的人生經歷是非常坎坷的，由於家境貧寒，年僅9歲、只念了4年書的他就不得不出來給人當學徒。這對年幼且帶病的松下來說，無疑是非常吃力的。但最讓松下感到可悲的事情是他父親的過世。

1906年9月，他父親忽然生病，僅僅三天後就去世了。母親、姐姐和松下的哀痛不言而喻，最令松下幼小的心靈感到難過的是：父親做了不當的投機生意，把祖先遺留下來的家產賠光了，雖然對家族和祖先都心存內疚，他大概還是想挽回名譽吧，只要身邊有了一點錢，就不理母親的阻止，仍去做他的投機買賣，一直到死為止。且不論是非曲直，父親那樣的心態，年幼的松下也是非常難過。每次想到父親的模樣，考慮到在老家鄉村裡的父親和家鄉，又聯想起父親訓誡自己的話，松下就勉勵自己：非好好努力不可。隨著父親的突然離世，小松下成了松下家的戶主，從此負起重擔。在父親離世之後，母親和姐姐都不願意住在不大熟悉的大阪，回到住慣了的和歌山去了。只有松下一人獨自留了下來，立志完成父親的遺訓。

學徒的日子雖然清苦卻也充滿樂趣，已功成名就的松下回想起打工時的情形歷歷在目。一天的工作，從早到晚沒有一刻清閒。當時學徒的衣食，現在看來很怪。尤其是有一種特別給學徒穿的衣服，中秋節和過年會發棉衣，夏天發單衣，冬天也發衣服，有些商店另外加上襯衫和褲子各一件。至於零用錢，十一、二歲的小徒弟，每月三、四角錢。十四、五歲，一日圓左右。松下從十歲到十五歲，服務了六年，要離職時的薪水才只有二日圓。可見當時的工資很低，雖然領得這麼少，當時的學徒卻都有儲蓄。除了領錢之外，每逢過節可以添一件衣服。松下他們還引以為樂呢！再說當時的三餐，早餐是醬菜，午餐是青菜，晚餐還是醬菜，只有初一和十五的午餐有魚。所以一過了初十，大家都等待著十五午餐的魚。

當時的公休日，只有過年、天長節（天皇的生日）和夏祭，其他日子都不休假。松下服務的五代商行，在當時還算是新興行業，多少比別家時髦些，比起船場邊火盆店的主人家，也顯得輕鬆許多，當然這跟每個星期日都有休假的人是沒法比的。因此，松下天天都等待著過年、天長節和夏祭的來臨。到了10月末，同事之間就會談起過年的事情，個個喜形於色，懷著對新年的憧憬，工作起來也是精神大振。

松下對他早年的苦難生活充滿了感激之情，因為生活教會了松下許多道理，使他變得堅強。他相信，在艱難困苦的場合，精神的力量是重要的，能否踏過坎坷、邁向光明，往往就在一念之間。

在與年輕人談論到這類問題時，松下曾經鼓勵年輕人說：「面對挫折，不要失望，要拿出勇氣來！扎扎實實地堅持向既定的目標前進，自然會有辦法出現的。一個人如果能夠心無旁騖、專心致志，此時此地，即可聆聽到福音自九天而降。我勸大家保持精神的沉靜和堅定，不可因一時的小挫折而喪失鬥志。如此，世間再沒有什麼事情是辦不成的了。」

根據自己以及其他偉人的成功經驗，松下對苦難和不幸有一個很清醒的認知，他認為：「人生沒有百分之百的不幸；此一方面有不幸，彼一方面卻可能有彌補。」在他看來，人生多少總是要有一些缺陷的，不可能有100％的幸運，但這些缺陷也不會是100％的不幸。就某一件事情來說，看似不幸，但其中卻可能有50％的福氣在其中。

例如缺一條腿的人上電車，大多數的情況下都會有人讓座。如果雙腿齊全，可能就不會有人讓座了。這是彌補缺掉一隻腿的不幸的一種行為，是存在這種屬於自己的意志以外的東西。如此看來，就沒有所謂的100％的不幸。50％的不幸是存在的，可是在另一方面就會有50％的福分。生而為人，就必須知道這件事。

對於這種生活觀點，松下以他自己的例子作說明。松下體弱多病，但仍舊努力工作，所以手下的員工都紛紛效法，充滿熱情地積極工作。如果派某人去顧客那裡辦事情，人家就會認為這個人很了不起，能代替老闆努力工作。以後如果有機會，就會相當地照顧，成為公司最好的顧客。如此，生意做好了，同時手下員工的能力也得到了鍛鍊。松下認為，松下電器能夠人才濟濟，有一支強有力的、完全可以獨當一面的幹部隊伍，和他自己的體弱多病很有關係。本來是不幸的事情，卻因此有了50％的福氣。

所以苦難的生活並不是100％的不幸，在苦難中，人可以學會許多寶貴的東西，其中的堅強、勇氣等品質是成功必不可少的因素。就如許多偉大人物都有其獨特的想法和做法一樣，松下不畏懼艱難困苦，視艱難的生活為必不可少的因素，把苦難當作試金石，真心地祈盼它的來臨。

永不絕望的誠懇和毅力，
會改變既定的事實，
化解人的堅定意志。
……松下幸之助……

2 勤勉是治療悲慘生活的良藥

如果人能一心專注於自己的夢想，並為自己的夢想付出辛勤的工作，心無旁騖就無暇感受痛苦，取而代之的是沉浸在辛勤工作帶來的喜悅當中。

人一生會遇到大大小小令人痛苦的事情，如果能一心專注於自己的夢想，並為自己的夢想付出辛勤的工作，心無旁鶩就無暇感受痛苦，取而代之的是沉浸在辛勤工作帶來的喜悅當中。當然這並不是一種麻木地逃避，而是化悲痛為力量的一種行為。

勤奮的人總是無暇感受痛苦，松下說：「我小時候，在當學徒的7年當中，在老闆的教導之下，不得不勤勉學藝，也不知不覺養成了勤勉的習慣。所以他人視為辛苦困難的工作，而我自己卻不覺得辛苦，所以我與他人的看法自然就有差異了。我青年時代始終一貫地被教導要勤勉努力，此乃人生之一大原則。事實上，在這個社會裡，有勤勉努力習慣的人，不太被人稱讚是尊貴或者偉大，也不會被認為很有價值，因此，我認為大家應該無所顧忌地提升對具有這種良好習慣者的評價，這樣才算真正對勤勉習慣的價值有所認識。」

透過介紹，松下來到一家當時開始流行的自行車店當學徒，老闆叫五代音吉。既然要做自行車店學徒，就得先學會騎自行車。松下從第一天便開始學騎自行車，當時沒有小孩子專用的自行車，但十歲的孩子個子矮，要像大人般正規地騎車是不可能的，所以別人總會看到松下練習自行車的姿勢：把右腳從橫桿下方伸到右邊踩踏板，以彎腰半蹲的姿勢騎車。維持這種半蹲的姿勢是非常消耗體力的。馬路上人多，練車需要到巷子裡去。松下每天晚上勤加練習，一個星期之後，他終於學會了。

當時的自行車在一般人眼裡還是件稀罕的東西，不像今天這般大眾化。當時要買一輛自行車，需要花費100到150日圓。這個價錢，普通人是難以接受的，只有有錢的人買得起。大部分的自行車都是美國製和英國製的。1908年東京三越百貨大樓興建完成時，派年輕店員騎上自行車滿街兜風送貨，曾經轟動一時。

松下在自行車店當學徒的工作是：早晚打掃清潔、擦桌椅、整理陳列的商品，這些事每天至少要做一次。然後是見習修理自行車，或做助手。修理自行車的工作有一點像小鐵匠，店裡也有車床和其他設備，所以松下也學會了使用這些機器。松下從小就喜歡這類鐵匠的工作，做起來不但不覺得討厭，反而感到有趣，每天都過得充實而愉快。

當時轉動車床並不用電，都是工人用手轉，這對年輕的松下來說很難。最初十幾二十分鐘還可以支撐，到了三、四十分鐘，手就累了，沒力氣再轉，這時前輩工人就會用小鐵錘敲一下松下的頭以示提醒。這種行為乍聽起來好像很粗暴，可是當時的工人都是這樣的。做學徒都得經過這樣「打成器」，才能畢業。不服氣，或提出抗議都沒用。如果有人真的提出抗議，那才會惹上麻煩。雖然行為不合理，在粗魯中卻也有溫暖的人情味，這一點也是松下所懷念的。松下一邊當鐵匠學徒，一邊也兼跑腿，到顧客家去，或到主人親戚家去辦事。

松下在當學徒期間，一直勤勉上進。13歲那年，松下想獨力賣成一輛自行車。可是，當時自行車是百元上下的高價品，相當於今日的汽車，即使有人想買，也輪不到這樣一個小徒弟獨自完成銷售。

但很幸運的是，有一天鐵川蚊帳批發商打電話來需要購買一輛自行車。松下認為這是一個機會，於是他精神百倍地替店家送去。雖然不是銷售老手，但表現異常認真。買主看到松下認真的模樣，很是讚賞，對他說：「你很熱心，是個好孩子。好吧，我決定買下來，不過要打九折。」

松下無法做主，便說：「我回去問老闆！」說著跑回來告訴老闆：「對方願意打九折買下來。」老闆說：「幸吉（小名），打九折怎麼行呢？算九五折好了。」這時候，一心一意要獨自完成銷售的松下很不願意再跑一趟去說九五折。竟對老闆說：「請不要說九五折，就以九折賣給他吧。」說著說著便哭出來了。老闆感到很意外：「你到底是哪方的店員呢？你怎麼了？」松下一直哭個不停。

過一會兒，對方的夥計到店裡來問：「怎麼這麼久呢？還是不肯減價嗎？」

老闆便把這事告訴了對方的夥計，這位夥計好像也被松下的熱心感動了，便立刻回去將這事告訴了他的老闆。那個老闆聽到後，說：「真是一個可愛的學徒。看在他的份上，就按照九五折買下來。」

於是松下的第一次獨力售車成功。經過這一次經歷，鐵川的老闆甚至對松下說：「只要你在五代，這期間我們買自行車，一定向五代買。」

雖然學徒的生涯艱苦，松下學會了許多東西。首先就是對勤勞素質的培養，松下每天從早晨打掃清潔開始，要一直忙碌到晚上十點鐘。每天將近16個小時工作，對於年齡尚小的松下來說很不輕鬆，但在這樣的學徒生涯，松下練就了吃苦耐勞的精神、堅毅的性格以及克服困難的決心。這對他後來的事業是大有裨益的。

在五代商行學到的，遠不止這些。在老闆五代音吉的身上，他就學到了許多。五代老闆生意興隆、不斷擴展的生意經，也就是松下以後的經營秘訣。

比如，松下向來有「絕不降價求售」、「商人必須贏利」的主張，這種觀點，就來自五代。五代音吉認為，做生意就一定要獲益，而價格要訂得既能保持一定利益，又絕不離譜。因此，既是合理的價格，降價是不可以的，否則就不能獲利。反之，那些有意把價格訂高，又再降低出售的銷售法，是對商人道德的背叛。如何處理商品價格問題，松下特別欣賞五代老闆的做法。

碰到有顧客要求降價的時候，五代會說：「我的價格已經訂得非常低了，要再降價的話，我就無利可得。商人不能做不賺錢的買賣，那樣無法長久維持下去，也就不能為顧客提供長期的服務了。」

在以後的生意中，松下也正是這樣對待顧客的降價要求的，而且他向對方所作的解釋，和五代音吉先生幾乎一樣。五代那時候把顧客當作自己的「老爺」，他不把價格訂高，也不希望顧客殺價，而又對顧客提供良好的服務。他時時處處為顧客設想，不僅在賣貨時如此，貨賣出去了還不斷設想顧客買回去是否合用，是否滿意。

對五代的這些經商之道，年輕的松下甚為佩服。松下認為，這些是五代生意興隆的訣竅，也是任何生意能夠成功的秘訣。松下以後的行銷思想和實踐，正是繼承和發展了五代的長處和優點。

在幼年，透過勤奮工作，松下練就了出色的品質並且學到了許多經商策略，這為以後事業的輝煌成就奠定了基礎。有一句話說：「勤奮工作是我們心靈的修復劑，是對付憤懣、憂鬱症、情緒低落、懶散的最好武器。有誰見過一個精力旺盛、生活充實的人，會苦惱不堪、可憐巴巴呢？」這句話用在勤奮的松下身上再合適不過了。

永不絕望的誠懇和毅力，
會改變既定的事實，
化解人的堅定意志。

……松下幸之助……

3 走自己的路

在很多時候，或是礙於情面、或是因為條件的束縛，人不能按照自己的意志去做自己想要做的事情。這多半是因為沒有堅定的追求所致，如果有了執著的追求，生活中的一切都將變得可以忍受。所以有時候，你需要拋開一切去走自己的路。

在很多時候，或是礙於情面、或是因為條件的束縛，人不能按照自己的意志去做自己想要做的事情。這多半是因為沒有堅定的追求所致，如果有了執著的追求，生活中的一切都將變得可以忍受。所以有時候，你需要拋開一切去走自己的路。

經過幾年的時間，自行車的普及越來越廣。較之以前，自行車的價格大大降低，需求量也越來越大，自行車已進入實用時代，五代商行從零售店發展到具有相當規模的批發商。松下從十歲到十五歲的打工六年間，頗受老闆的照顧，而聰明的松下幹起活來也很讓人放心，所以老闆對他很是期待。

然而就在這時，松下卻也提出了辭職的請求。因為當時，大阪市計畫要在全市鋪設電車。從梅田經過四座橋的築港線已經貫通，其他路線的工程也在積極進行。松下想，有了電車以後，自行車的市場需求勢必受到擠壓，未來不容樂觀。

日俄戰爭爆發後，日本產業界進入第二次革命的階段，大阪市街景大異往昔，許多家庭開始使用電燈，古老的商店改建西式洋房，大型工廠到處可見，煙囪冒出的黑煙，更加醒目，取代學徒、工匠的工人以及薪水階級愈來愈多。由於重工業的發展，日本已朝向近代工業國的方向邁進。在這種情勢下，儘管對老闆充滿了歉意，但松下還是下定決心辭去工作，轉投電器行業。也正是這個決定，讓他與電器結下了不解之緣。

松下對長期培育自己的老闆一家很是留戀，辭職的事讓他左右為難。後來，他把心中的計畫向龜山姐夫表明，徵得他的贊同，並請他幫自己交涉進入電燈公司當職員。雖然已經下了決心，但礙於情面還是開不了口。拖了幾天，松下沒有辦法，就託人打來「母親病危」的電報。老闆看到電報，很為松下擔心，同時可能已覺察到他這四、五天的異常行為，便對他說：「你也許因為母親生病而擔心，可是，如果你有意辭職，應老實說出來。我覺得你最近總是坐立不安。你已經為我工作了六年，你要辭職，我不會不答應的。」但松下畢竟還是沒有開口，只帶了一件換洗的衣服便離開了老闆的家。後來他寫了一封信，向老闆道歉並提出辭職。

結束了學徒生涯，松下對老闆的家及附近的景物，仍是懷念不已，思念之情不亞於故鄉。到電燈公司工作，大約半年之久，只要有休假，他都會回到老闆家，整天幫忙著做事。老闆對他說：「你還是回來吧。你現在領多少薪水，我們也給你多少。」松下拒絕了老闆的一番美意。他去幫忙，完全是因為對整個店有說不出的感情，並不是其他的意思。後來，他們慢慢地疏遠，也就不通音訊了。就這樣，松下離開了自行車店，轉業做大阪電燈公司內線員。

當時的電燈公司，還是民間的私人公司，社長是土居通夫。本來說好立刻錄用松下的，可是不知道什麼原因，20天過去了，錄用消息還是遲遲沒有來到。介紹人說：「本來說好立刻上班，可是人事部說，要等到有空缺才能正式錄用，所以，只好請你再等等。」這使松下很為難，尤其是在他沒有儲蓄、一直都寄住在姐夫龜山家的情形下。

於是松下就跟姐夫商量，在去電燈公司工作之前，先找一份臨時工作。在姐夫的介紹下，松下來到位於築港新生地的櫻花水泥股份公司做臨時搬運工。這家水泥公司的資本額有一百萬日圓，是新創立不久的公司。姐夫當工廠職員，對松下有方便之處。可是，當時他才十五歲，尚在發育之中，而其他的搬運工個個強壯，多半是力大氣粗的壯漢。松下跟這些人一起工作，非常擔心自己不能勝任。事實上，這樣的工作對松下來說實在是太勉強了。

在水泥公司工作了3個多月後，介紹人才通知松下，大阪電燈幸町營業所內線員有空缺，可以去報到了，於是松下趕快去辦理就職手續。就這樣，松下終於踏出了步入電器界的第一步，那是1910年10月21日，松下只有15歲。

大阪電燈公司，是當時電氣行業中較為特殊的一家公司，它和大阪市訂立了「報償合約」，在獲得大阪市電氣供應獨佔權的同時，必須對市政府提供一定報償作為公益。當時的電器事業，以電燈電力為主，一般大眾只有透過電燈才能感受到電的存在。電是只有電燈公司的人才能處理的東西，大家都認為電很可怕，一碰就會死。大家也都把電燈公司的技工或職工，當作特殊技術人員，十分尊重。

松下在電燈公司擔任內線員見習生，是做屋內配線員的助手，每天為了上工，常到客戶家去。助手的具體工作包括：扶著載滿了材料的手扶車，跟在正式技工屁股後面走。這手扶車一般人都叫做「徒弟車」，雖然車身輕，卻很難用，效能很差，只要載上一點東西，就會使扶車的人感到沉重。松下就是用這種車子到客戶家去幫忙做工的。一兩個月後，松下對配線工作已經有了相當理解，已經能獨自勝任簡單的工作，對工作的興趣也愈來愈高。

三個月後，公司擴充，要在高津增設營業所，松下被派去當內線員，同時由見習生升級為正式技工。因為是擴充時期，從見習生升級為正式工人的機會較多，但在短短的三個月內就升為正式技工，仍是非常少見的，更何況松下當時只有16歲。

16歲就做正式技工的松下，每次都帶著20歲以上的見習生出去工作。松下的技術非常好，在同事中也具有相當的地位。松下也頗為幸運，一開始就常被分配到好工作，常常被派去高級住宅。因為松下的年紀小，再加上當時的人對電的認識薄弱，所以，常常有人誇獎他說：「你雖然年輕，可是真了不起！」因為有好的技術而且工作態度認真，松下常常被客戶指名負責特殊工程。

當時的大阪電燈公司，從不把電燈工程交給承包商去做，都是公司直營，所以大阪市內的新增設工程，小自普通住宅、店鋪大至劇場、大工廠，全部經由公司職工親手完成。松下在7年間做遍了所有的工程。其中比較重要的工程有兩三件：每日新聞社於明治五年（1912年）在濱寺公園開設海水浴場。那年松下17歲。海水浴場要設置廣告用的裝飾燈，委託大阪電燈公司來做。當時這類工程很少，所以很被重視。公司選拔了15個職工參與，松下幸運地成為了其中一員。從6月中旬起，預定要到濱寺公園出差兩個星期。當時的工程是很少見的明滅裝飾燈，所以技工們充滿了對挑戰的熱忱。7月初，工程順利地如期完成。

在電燈公司工作的7年間，松下勤懇努力、虛心好學，電燈方面的所有工程也全做遍，這為日後創辦松下電器公司打下了堅實的基礎。

永不絕望的誠懇和毅力，
會改變既定的事實，
化解人的堅定意志。
……松下幸之助……

4 勇氣與魄力讓希望升騰

松下創業之初，資金短缺、人手不夠、不懂技術、不會銷售等，一路磕磕絆絆，曾一度深陷困境的谷底。但是松下並沒有失去信念，他用排除萬難的勇氣和魄力堅持了下來，一路披荊斬棘，最終與成功不期而遇。

在大阪電燈公司做技術工時，松下就著手研究電燈插座的改良設計。最終的試驗成品花費了松下的大量心血，但是卻沒有得到主任的肯定。這讓松下非常沮喪，但松下也因此下定決心，必須研究出成功的產品。就在這時，松下被提拔為檢查員，所以插座的事情也就擱在一邊。檢查員的工作非常輕鬆，但松下卻無法忍受這種日子，因為他是上進心比別人強過幾倍的熱血青年。

在這種情況下，雄心勃勃的松下選擇了辭職，決定另立門戶，著手做自己充滿信心的革新插座。但這並不是一件容易的事情，松下首先面臨的就是資金問題。當時只有100日圓的松下連一台機器或者一套模具都買不起；第二個難題就是人手問題，最初他們只有5個人，松下夫婦和松下的內弟以及松下的兩位同事；第三個難題便是場地；但創業中最大的問題是松下他們很少考慮的技術問題。松下雖然醉心於設計改良，但他一向所從事的還僅僅是修理和裝配方面的工作，和製造沒有多大的關係。他的兩位同事也並不比他高明多少，至於妻子和內弟，就更是徹頭徹尾的門外漢了。

這些困難都不是松下放棄創業的理由，憑著對技術革新的興趣以及對未來事業的期待，同時也迫於資金、人手等條件的局限和壓力，他們不得不親自動手，開源節流，倒也克服了一些難關。

在革新的過程中，最難解決的便是插座外殼的材料問題。松下等人都知道那是一種合成材料，其成分大概是瀝青、石棉、滑石粉一類的東西，但究竟是何比例、怎樣合成，他們對此毫無頭緒。今天，這類的合成品隨處可見，其配方和合成技術也大多進入了公用領域。可在當時，那是一種新型行業，不用說許多技術工藝還處在摸索階段，就是已有的資料也被發明者視為絕對機密的技術資料。

但松下沒有退卻，他認為，「不懂有不懂的好處」。因為，不那麼瞭解當然也就沒有什麼顧忌，敢於試驗，敢於往前闖。松下和他的幾個合作者反覆實驗，找回一些生產此產品的廠家的材料加以分析，但進展還是十分緩慢。

就在松下為此一籌莫展之際，輾轉得到一個消息，過去的一個同事正在研究這類合成品。於是松下立即前去請教，同事告訴他說：自己本來也準備做電料製造一類的事情，可是進行得很不順利，合成的事情倒是知道一些。他把自己的研究心得很快就告訴了松下他們，並給予詳盡的講解。這時候，松下他們才知道，自己的方法和正確的工藝相當接近，只差一點訣竅而已。經過進一步摸索，雖然技術還欠缺一點火候，但已經八九不離十了。

材料的合成技術得以解決，剩下的金屬片等問題也就迎刃而解。兩個月之後，第一批改良插座製造出來了。一直充滿自信的松下此時也不免煩惱起來，因為他們不僅是技術門外漢，對於銷售也是一無所知。對插座定價成了第一個問題，他們商量帶著樣品找電器行老闆看看，然後再做決定。

銷售的結果令松下他們非常沮喪，但他們不願就此放棄。在之後的十幾天內，他們帶著插座幾乎跑遍了整個大阪市的大街小巷，總算賣掉了100多個，收入只有10多日圓。在這種情況下，大家知道，這種新插座並不符合市場要求，只能放棄了。要想繼續維持下去，只能以新產品代替這種插座。但新產品的開發談何容易，看來只能在已有的基礎上，再對插座進行改良。但要進行改良，必須要有資金投入。可一提出這個問題，大家都不免有些尷尬。花了近四個月的時間，收入不過10日圓，連本錢都沒有撈回來。

這種情況下，不要說無法籌集重新設計製作的資金，就是大家的生計也都成了問題。因為大家畢竟都是拖家帶口的人，薪水多少倒不要緊，可是總得有飯吃呀。而且，新插座能否成功，還是個未知數，這樣的改良不能不讓人擔心。沒有具體計畫，沒有資金，也沒有薪水的保證，松下的兩個同事深感為難，便退出了。這樣一來，就只剩松下的妻子、內弟和松下三個人堅持經營下去。

松下認為，他們辛辛苦苦走到這一步，不能半途而廢，他深信這項工作的前景無限光明，所以他們咬著牙一路堅持下去。在創業的艱難過程中，松下便把自己和妻子的衣服首飾等物送進當鋪來維持生計。

松下說：「經營事業，不論遭逢何種困難，都要忍耐。如果一個人能忍耐到底，即使他的計畫不能成功，但隨著周圍情勢的轉變，也會有新的出路；或者別人看到他堅毅的精神，使他們內心感動，從而向他伸出援助之手。此時，縱使事情未能照他的計畫進行，也仍然能夠達到預期的目的。」基於這樣的人生哲學，松下一直堅持著。

松下經過苦苦的忍耐，事情終於出現了轉機。先前他們賣出的100餘只插座出現在了一些電器商的貨架上，一家製造電風扇的公司在商店見到後，對它的外殼合成材料表示很感興趣，並向松下訂購1000只用這種合成材料製造的電風扇底盤。

訂貨商對松下說：「你的這種材料，看來比較適用於做電風扇的底盤。我們先訂1000只，請儘快送樣品過來。如果好的話，以後每年兩三萬只訂貨不成問題。」這張訂單對處在困境中的松下來說，簡直是恩賜。因為時間緊迫，他便放下了插座的改良，專心做電風扇底盤，以便能在對方要求的時間內交貨。

為了抓住這個機會，他們拚命地工作，做好的樣品也讓對方感到滿意。當時他們幹活的人只有3個，設備也只有模壓成型機和加熱材料用的鍋。妻子做一些後勤工作，內弟井植幫忙做磨光等雜務，壓型則主要由松下來完成。他們每天做100個左右，終於如期地把1000件訂貨交齊了。他們因此得到了160日圓的貨款，扣除成本，大約淨剩80日圓左右，這是松下創業以來的第一筆收入，欣喜之情溢於言表。

電風扇廠商經過使用後，得出的結論是：「合成材料的底盤，和其他部分配合，情況良好，形成定案，繼續訂購。」接著他們又向松下下達了2000只的訂單，松下的經營狀況逐漸良好。1917年7月，松下創辦了自己的工廠，到年底，有了初步的收穫，由此奠定了事業的基礎。

松下創業之初，資金短缺、人手不夠、不懂技術、不會銷售等，一路磕磕絆絆，曾一度深陷困境的谷底。但是他並沒有失去信念，而是用排除萬難的勇氣和魄力堅持了下來，一路披荊斬棘，終於與成功不期而遇。

永不絕望的誠懇和毅力，
會改變既定的事實，
化解人的堅定意志。
……松下幸之助……

5 用別人的錢做大自己的生意

在跟吉田商店訂立合約之前，松下要求吉田預先提供保證金用以擴大生產規模。在沒有出貨之前就得到一筆資金，幫助自己發展事業，這種機會一旦出現就不容錯過。

電風扇底盤的訂單持續下達，松下的生意持續好轉。松下便開始認真打算把生意做大，但是以當時的設備和條件是遠遠不夠的。於是他考慮找一個更適當的房子，幾經輾轉，打聽到在大開路有一間合適的房子，在1918年3月7日松下搬到大開路，決心在那奮鬥一番。

正是在這一年，歷時4年的第一次世界大戰結束了。戰爭及戰後帶來了銷售旺盛的景象，日本工業生產每年連續保持30％的高速度增長，電動機取代了蒸汽機，工廠動力電氣化已達60％，電燈也從都市普及到鄉村，全國已有近半數家庭使用電燈，電扇、電熨斗等家電產品漸漸推廣，電車、電信電話急速發展，日本進入了電器時代。

雖然一直在做底盤的生意，但松下一直沒有忘記自己做電器方面工作的初衷，何況在這樣的一個時代背景下，更不容錯過。所以松下著手開發新產品，新產品除了研究已久的插座之外，主要是附屬插頭。這附屬插頭是應用舊燈泡的鐵帽製成的，是當時最新型的產品，效能有保證而且價錢又比市價便宜三成，所以廣受好評，產品一路暢銷。松下電器的名聲由此打入電器行。

不久後，松下又發明了「雙燈用插座」。「雙燈用插座」是由東京和京都的製造商製造出來的，其方便性得到了公眾的認可。松下發現在品質上還有改良的餘地，於是做了多方面的改進，使它的品質和使用性得以進一步提高，並拿到了專利。新產品一經面市開始銷售就得到了極為熱烈的回響，比附屬插頭還更為暢銷。這與當年推銷插座的情景相比，簡直是天壤之別。

雙燈用插座面市後不久，大阪的一個批發商吉田找到松下，他表示對雙燈用插座很感興趣，並向松下表達了做產品總經銷商的意願。吉田表示，大阪方面由他自己批發，而東京方面則交給跟他有密切關係的批發商負責。松下對這一提議表示極大的贊同，他早就有做大生意的打算，這正是一個機會。但松下轉念想到，插座的銷售情況大好，如果要接下這筆生意，勢必要擴大生產規模，添置生產設備，才能改變供不應求的現狀。

但是松下的手頭資金有限，於是他對吉田說：「我現在的工廠設備不夠，就是讓你做總經銷，恐怕製造量也趕不上銷售量。如果你有意做總經銷，我打算把工廠設備擴大，以便增加生產量。所以，當作保證金也好，當作資金貸款也好，反正請你提供3000日圓給我。這筆錢用在擴充工廠設備方面。以後不論你銷多少都可以應付了。」吉田對此表示贊同，當即答應提供3000日圓給松下做保證金。得到吉田的幫助後，當時的松下只有一個念頭：「我要好好幹！馬上改善工廠設備，產品一定會暢銷。我的工廠會賺錢，吉田商店也會賺錢。好！我要生產，我要拚命生產。」

達成協議後，吉田商店向社會公開發表：「松下工廠的新產品『雙燈插座』由本店總經銷。」東京的川商店也發表同樣聲明。於是松下插座的月產量迅速由2000個變成3000個，繼而增加到5000個，插座的銷量一路飆升。這給其他製造商帶來了很大的衝擊，四、五個月後，東京方面的製造商面對氣勢洶洶的松下產品，決定以大減價予以還擊。松下產品的銷量立刻有了反應，因此經銷商都來跟吉田交涉減價事宜。

面對這種情況，吉田找到松下商量對策，他面帶憂色地對松下說：「松下君，糟糕了，銷售量顯著下降。東京方面的製造商減價了，經銷商都要求減價。現在怎麼辦？」當時在總經銷契約書上註有吉田負責銷售量，所以這件事不得不由吉田自己負責。松下向吉田說明情況，但還不等松下說完，吉田就說：「不論如何請讓我解除契約吧。看這種情形，恐怕無法銷售約定的數目。我也沒有想到，別的製造商會這樣減價，這是當初預料不到的事情。」面對這種情況，松下已經無法阻止吉田了。但是吉田提供給松下的保證金全部投入到設備裡了，就此解除契約的話也沒法歸還，於是松下說：「雖然契約書上說明了負責銷售的數目，可是我不能強迫你，以後我自己慢慢銷售，保證金請你稍等一下，我會每月分期還的。」於是，兩個人的協議在半途中止。這麼一來，每月產量五、六千只的插座不得不由松下自己來銷售。

接著，松下便到大阪幾家經銷店瞭解情況，並將情況告訴了這些經銷店的老闆。由於改為製造商直接批發，他們都表示歡迎，有人就說：「松下君，說來是你不應該。你製造了這麼好的東西，卻交給一家包辦，真是莫名其妙。要是直接批發，我們今天開始就買你的東西。」讓松下喜出望外的是，東西很快就銷售出去了。

大阪方面已經妥善解決，松下接著要做的就是去東京解決銷售問題。這是松下第一次去東京，東京的景象讓松下很吃驚，但來不及考慮太多，他最關心的事情是要趕快銷售插座。他立刻找到了川商店，商店老闆一臉歉意地對松下說：「松下君，抱歉！抱歉！我們很賣力地銷售，可是因為競爭激烈，所以存貨還有這麼多，你看吧！」松下說：「上回是透過吉田商店把東京經銷權包給你們，現在是麻煩你們銷售，別家我也要託賣。」商店老闆回答道：「吉田商店已經轉達了，我們很瞭解，請不必客氣，讓我們來銷售吧。」商店老闆非常痛快地答應了，並鼓勵松下說：「電器用品都由東京製造，批發到大阪去，大阪製造商跑到東京來推銷，在電器界很稀少，尤其是小型電器業，你是第一家，要好好加油啊！」松下當時非常感激。

第二天松下在東京轉了一天，因為價格和品質方面的優勢，松下拿到不少訂單，然後返回大阪。這次東京之行，松下認識到東京商人注重義氣，不理睬新來的大阪商人。松下認為雖然不容易滲入，但也意味著一旦建立合作關係，地位就會很穩固。基於這樣的認識，松下決定以後每月去一次東京。

於是松下經常往來於東京和大阪之間，但這樣來回奔波，十分辛苦。起初還可以勉強應付，由於東京方面的業務不斷擴大，後來就漸感不支。在這種情況下，松下萌發了在東京設立辦事處的念頭。經過一番考量後，松下委派內弟井植歲男負責東京方面的業務，於是，松下電器在東京的辦事處也正式建立並運轉起來。

由於附屬插頭和雙燈插座這兩項新產品出現，大家都知道，松下電器是「把改良的新產品賣得特別便宜」的公司。因此，松下電器在大阪和東京兩地的銷售成績相當不錯。從1917年到1918年，松下電器以雙燈插座和附屬插頭為主要產品並繼續承接製造電風扇底盤的訂單，生意一路順風，工廠也越做越大，到1918年年底，松下電器的從業人員已由原來的3人增加到20多人。

永不絕望的誠懇和毅力，
會改變既定的事實，
化解人的堅定意志。

……松下幸之助……

6 堅持相信自己

回顧這段製造和銷售自行車燈的經歷，松下慶幸自己能夠始終相信自己。成功有時候需要堅持你所堅持的，相信你所相信的。

20世紀20年代，日本主要的代步工具是自行車。以前當學徒的時候，松下也總想試著製造自行車零件。這只是一個很模糊的想法，並沒有什麼具體的計畫，這一想法的逐漸清晰源於松下的親身經歷。

自經營工廠以來，松下始終在第一線工作，他每天要騎自行車接洽業務。天黑後就要點上蠟燭燈來照明，但常常被風吹滅，這樣趕路實在太不方便了。於是松下就在心裡盤算，如果有不會熄滅的燈就好了。想到此，松下有點激動，便開始著手調查。他得知當時除了蠟燭燈以外還有瓦斯燈和電池燈。瓦斯燈是進口貨，價格昂貴，不是大眾消費品；而電池燈只能維持兩三個小時，既不經濟也不實用。絕大多數人用的仍然是石油燈和蠟燭燈。松下想，如果有一種不會被吹滅的車燈來替代蠟燭燈的話，市場將會是巨大的。經過研究後，松下決定用電池設計新車燈。

新車燈的設計工作由松下親自負責，設計的理念只基於一個考慮：構造簡單，廉價而且耐用，至少能持續照明10個小時。話雖簡單，做起來卻相當困難。期間，松下做了將近100個試驗品，結果仍舊不能讓人滿意。6個月後，松下終於做成了第一個炮彈形電池燈。新產品的構造採用的是簡單而好看的炮彈形；特殊的組合電池做電源；燈泡則是採用剛剛推出不久的「豆燈泡」，它的耗電量只有舊燈泡的五分之一，因此也被稱為「五倍燈」。新產品的使用效果非常不錯，竟可以連續照明達30到50個小時之久。而在價格方面，一組電池可使用四、五十個小時，價格才3毛多，而一小時點一支蠟燭也要花費2分錢，新產品的價格優勢非常明顯。這種耐用性和價格優勢，連松下自己都沒有想到，他們完成了一個革命性的新產品。

渴望已久的理想終於實現，而且可以成為今後賺錢的生意，松下的欣喜之情難以平復，他對這個產品充滿信心。松下在準備大量生產新車燈的過程中，先是與木器行建立合作關係，以保證新車燈的外殼供應；然後又與電池廠進行交涉，以解決新車燈的電源問題。1923年6月底，終於一切準備就緒，松下開始大量製造並銷售新型車燈。

與新車燈設計獲得的意外性成功不同，新產品的銷售情況卻寸步難行，松下沒有取得任何實質性的進展，這讓他大出意料。剛推出新產品時，松下親自送貨到經銷店，向經銷商說明新產品的優點。然後滿心期待經銷商會這麼說：「這個很不錯，一定會很暢銷。」可讓松下大感意外的是，松下聽到的卻是：「聽你的說明好像很不錯，但是這新產品真能賣得出去嗎？電池燈的毛病多、信用差，恐怕不大好賣。尤其是你用的是特殊電池，買不到備用品。如果路上電池耗盡，附近又買不到，那就很不方便了。這個東西恐怕很有問題。」構造簡單好看、廉價且又耐用，這些優點在經銷商老闆的眼裡幾乎全部成了缺點。松下聽完非常氣憤，先前的熱情全部消失，但還是克制住了情緒，對老闆說：「請賣賣看吧，我放一些樣品在這裡。」

雖然出師不利，但松下仍舊是信心滿滿。松下繼續在大阪各經銷店推銷新產品，讓他大為吃驚的是，幾乎所有的經銷店老闆都是同一個看法：「因為使用特殊電池，所以買的人不方便。買不到備用電池，恐怕就很難賣出去了。」松下有些失望了，收拾心情後，松下重整旗鼓，決定去東京試試。遺憾的是，在東京的結果還是一樣，沒有人願意訂購他的新產品。

面對處處碰壁的情況，松下做了一次反思，但他始終也想不出新車燈不能暢銷的理由。他認為，經銷商對新產品有一種誤解，他們只看重標準電池。如果轉向電器行以外的人或者是自行車店，可能就不會太顧慮電池的問題，反倒會比較客觀地看待這個電池燈。也許走自行車店路線，會更好地開拓銷售網。於是松下暫時放棄電器行，轉向自行車店推銷自己的新產品。可是自行車店的經銷商們沒有人認識松下電器，這一次的推銷結果更慘。他們根本對電池燈不感興趣，原因是之前試賣的電池燈品質太差了，所以因噎廢食。他們說：「電池燈嗎？我們再也不敢賣了，不論你怎麼說都不賣。請你看看那個商品架，去年買的電池燈還在那兒，到現在還賣不出去，我們虧本虧大了。」花了一個多月的時間進行推銷，事情卻沒有任何進展。6月份製造的2000個新產品一直積壓在倉庫裡，因為契約的關係，庫存還會不斷增加，如果再拖延下去，電池的品質也會受損，此時的松下已被逼至絕境。

庫存越積越多，時間一天也不能再拖了，松下想出一條死裡求生的計策：暫時不賣，只請大家試用，以便證實它的價值。松下相信，只要他們使用了就自然會明白，明白了之後就自然會有需求。在請人試用方面，松下也做了一番思考，最後決定讓零售店幫忙宣傳。松下往所有大阪的零售店裡寄去兩三個電池燈，並要求其中一個要現場點亮，告訴他們說：「一定可以點30個小時以上，請注意看燈什麼時候熄滅。如果真的可以點30個小時以上，你們又認為賣得出去的話，就請把其餘的賣出去。如果有不良品或時間沒有達到30個小時的電池燈，可以不用付錢。」松下安排3個業務員分別巡視每一家零售店的銷售情況。

3個業務員一天寄出去七、八十個電池燈，這是一筆不小的數額，如果情況不好的話，也許一毛錢也收不回來，這對當時的松下來說是一個大問題。這種辦法非常冒險，但是松下沒有第二條路可走了，而且松下也相信，好東西到最後必定會暢銷的。果然皇天不負苦心人，不久，

3個業務員就給松下帶來了零售店老闆的話：「電燈的結果非常好，比說明書上的時間還長。這樣的電池燈還是第一次見到，另外的兩個燈已經賣出去了。這是貨款，以後請送貨過來。」

緊接著更是捷報頻傳，在一個月之內，松下就賣了5000個電池燈。又過了兩三個月，零售店常常因為等不及業務員的寄送，便主動打電話或寫明信片進行訂購。電池燈越來越暢銷，每個月可以賣出2000個。看到電池燈在市場上走俏，原來的經銷商也發現松下的電池燈很暢銷，於是他們不得不找到松下，商談合作事宜。

炮彈形電池燈的製作和銷售，獲得了意外的成功，而且產生了自行車燈界的革命。當時的情況是，幾乎沒有一個地方不在使用電池燈。除了當作車燈以外，電池燈還可以是手提燈，因此以前因為點蠟燭發生火災的事件也很少出現了。

炮彈形電池燈的成功，對後來松下電器的發展有著莫大的貢獻，是松下電器發展史上一座重要的里程碑。回顧這段製造和銷售自行車燈的經歷，松下慶幸自己能夠始終相信自己，成功有時候需要堅持你所堅持的，相信你所相信的。倘若當年在困難面前因為失去信心而放棄了堅持，松下電器的發展將會如何，松下不敢多想。

永不絕望的誠懇和毅力，
會改變既定的事實，
化解人的堅定意志。

……松下幸之助……

7 時機成熟了再行動

一個人要想成就一番事業，除了自身要具備一定的才能之外，還需要等待一個好的時機助其一臂之力。「時則動，不時則靜」，這是一個成功者應當具備的素質。

時機對於成功的重要性不言而喻。一個人要想成就一番事業，除了自身要具備一定的才能之外，還需要等待一個好的時機助其一臂之力。「時則動，不時則靜」，這是一個成功者應當具備的素質。松下在開關插座的市場競爭中就很好地詮釋了這一點。

1920年至1921年間，儘管經濟境況越來越差，但松下電器卻發展蓬勃。隨著企業的不斷發展、經營規模的日益增大，松下成就大事業的信念也日益增強。到了1921年的秋天，以松下工廠的規模，無論他們怎麼努力，也應付不了紛至沓來的訂單。所以松下打算擴建工廠以滿足大量的訂貨需求。

說幹就幹，雖然這其中遇到了資金和時間等方面的問題，但不管怎樣，松下還是挺過來了。1922年，新工廠如期竣工。新工廠的規模比原來的擴大了4倍，生產設備也依照純工廠的需要而重新設計，使用效率比以前提高了五到六倍。關於設備和人員，松下在工廠建築進行時就準備妥當，此時全體員工有30多人。

27歲的松下第一次擁有完全屬於自己的工廠，激動的心情可想而知。他下定決心要以此作為新事業的基礎，盡最大的努力，追求更大的成功，並且他相信自己一定能成功。

新工廠的效率高，松下的生意越來越好。除了插頭、插座和底座外，松下電器每個月還增加一兩種新產品以滿足市場的需求。由於松下的產品實用又廉價，而且經常推出新產品，所以松下電器很受大眾期待。經銷店的數量每月都在增加，東京方面業務也愈來愈穩固。此外，松下開始著手將業務伸展到名古屋，現在許多名古屋的代理店都是在這個時期建立合作關係的。

在東京和名古屋之後，松下緊接著將銷售路線拓展到了遙遠的九州。在九州，松下與平崗商店建立了合作關係。當時的平崗商店經營的是玻璃，很少涉及電器方面的生意。但是老闆平崗很有眼光，他看準了松下電器，對松下電器的未來發展充滿信心，他對松下說：「你要開發九州，讓我打先鋒，咱們好好地幹一番吧！」松下認為平崗非常可靠，便將九州的開發交給他包辦。

經過四、五個月的發展，松下電器已經極具競爭力。此時業界製造商之間的競爭也越來越激烈，各家都接二連三推出自己的新產品。當時，配線器具的製造商是以東京電氣為首，東京的石渡電氣也不小，大阪的時和商會在關西是一流的，可是和東京電氣仍不能相比。

松下電器雖也略具規模，但比起這些財大氣粗的製造商，還相去甚遠。此時松下的所有想法就只有一個：趕上他們，向配線器具界拓展。松下最初的想法是從開關插座方面首先發起衝鋒，這個想法在松下心裡也醞釀了許久，他做過一些計畫，並且進行了少量的生產。但最後松下還是暫時擱置了這個計畫，原因就在於時機還未成熟。

松下對當時的市場進行了充分的調查，他發現市場的競爭相當激烈。尤其是在開關插座方面，競爭更顯得異常激烈，製造商們對開關插座的研究已經到達極致，松下電器無法做出革命性的改良品。松下電器的經營理念就是賣便宜的改良品，做不出改良品，也就意味著松下不具備競爭優勢。如果松下硬要在這一領域分得一杯羹，就只有和所有的製造商們混在一起競爭了。為了避免這種競爭局面，所以松下才停止了他的計畫。

除了這一原因，還有一點值得考慮的是：各製造商都在競爭，只有東京電氣一家站在競爭圈外自行定價。為了使得松下電器的產品齊全，製造開關插座是非常有必要的，但是松下清楚地明白，他們不能像東京電器一樣制定自己的價格。如果去跟東京電氣以外的製造商打混仗，一定非常困難。雖然松下非常看好開關插座，但是他知道時機不到，太勉強了也不會有好結果。

經過一番權衡之後，松下撇開製造開關插座的想法，把精力集中在對產品的改良上並繼續增加新產品，這樣既賺錢又穩健。但是放棄製造開關插座的想法是讓松下感到非常遺憾的一件事情，畢竟這一領域有極大的利潤可圖。一位對松下電器非常捧場的經銷商對松下說：「松下君，你為什麼不製造開關插座呢？沒有開關插座不是很不方便嗎？你們不做這種產品，我們只好向別家買了！」雖然感到遺憾，但松下認為時機成熟之前，要做的也只有忍耐。

松下說：「不要急著做任何一件事情，更不可因為面子而以身犯險。一定要安全合算，謀定而後動才能把事情做得出色，」松下自認為，自己在過去的5年當中，也做了許多勉強的事情，但那些都是生意以外的東西。雖然對這個開關插座有著強烈的製造意願，但是最終還是不得不放棄了，這完全是基於不做虧本生意的原則。凡事要由易入難這是常識，也是成功之路。在正常情況之下，都要依照這個原則行事，不可勉強。尤其是做生意或做事業時，更應當謹慎。松下認為，年輕人常常因為熱情過度而敗事，多半是由於沒有守住這個原則的緣故。

松下經過一段時間的蟄伏之後，時機終於成熟。1929年，松下電器對開關插座的製造技術有了極大完善，松下開始著手大量製造並銷售開關插座。松下電器製造出的開關插座和東京電氣一樣，以一級品的身分在市場上銷售。製造成本或銷售價格方面，都在合算的範圍以內，而生產量比別家超出很多，所以在這場競爭中還是松下佔據上風。

對此，松下認為，發展事業不能勉強，要等待時機成熟再行動，這是他能夠超越同行、取得成功的重要原因。

永不絕望的誠懇和毅力，
會改變既定的事實，
化解人的堅定意志。
……松下幸之助……

8 好時別看得太好，壞時也別看得太壞

事情發展順利的時候，別看得太好；事情遇到困境之時，也別看得太壞。危機來臨時，巨大的機遇也緊隨其後，所以能不能在危機中取得發展，關鍵要看一個人能不能正確認識危機。

松下說：「神不會只給一個人單純的好或者壞的事情，一定好壞各給一半，結果是非常平等的。」任何事物都存在兩面性，正所謂「禍兮福所倚，福兮禍所伏」。事情發展順利的時候，別看得太好；事情遇到困境之時，也別看得太壞。危機來臨時，巨大的機遇也緊隨其後，所以能不能在危機中取得發展，關鍵要看一個人能不能正確認識危機。松下把危機看作是「轉禍為福」的機會，他說：「我們一定要相信，做生意景氣也好，不景氣也好，都能夠鞏固進展的基礎。」

松下電器在1927與1928兩年中有了很大進展，到1929年，松下電器已經擁有三處工廠，全體員工也增至300多人。松下電器的持續壯大，讓已有的工廠規模顯得有些狹小，所以松下決定建築一間更大的工廠。經過與多方進行交涉，松下籌得資金和人力，於1930年5月完成新工廠的建築。松下電器由此進入第二個階段的活躍期，在業界開拓並確立了穩定的地位。

1929—1930年是全世界經濟最不景氣的時候，為了應對惡劣的經濟情況，剛組建的濱口內閣採取了緊縮政策。但是情況並沒有得到有效的控制，到了井上財政部長計畫「黃金解禁」的時候，財經界更是一天比一天萎縮，不景氣的徵候愈加明顯。

到了11月，令大家恐懼的黃金解禁終於公佈。這雖然是預料中的事情，但還是引起了財經界巨大震動。不但物價下跌，而且銷售量也顯著地減少。報紙每天都報導各工廠縮小或關閉的消息，還有員工減薪和解雇以及其他勞資糾紛等問題。就連員工待遇一直是全國模範的鐘紡公司，也因為工資減額而發生了糾紛，像鐘紡這麼優良的公司，也發生這種情況，其他小工廠更不用提了，總之財經界一片混亂。財經界的不穩定，帶來社會不安定，境遇每況愈下。財政部長井上準之助被暗殺，就是在這種情況下發生的。

為了應對不景氣的經濟狀況，政府各機關以身作則、為民表率，把文明的寵兒——汽車停用，並勸導社會大眾配合政府的緊縮政策，一切節約，共度難關。然而這一措施不但沒有收到起效，反而讓情況越變越糟，許多大企業、工商大財團跟隨政府實行緊縮政策，不但不能解決經濟不景氣的危機，反倒造成經濟蕭條，收支愈來愈不平衡，進而促使失業率增高，導致社會的不穩定。

松下認為，政府採取的「緊縮政策」才是經濟不景氣的罪魁禍首。由於政府的緊縮政策，使大家節省消費，大家不去消費，工人們便沒有工作，而剛從學校畢業的學生要想謀求一份工作就更是難上加難。如此惡性循環，人心愈加惶恐，社會也跟著動盪不安。

松下對此表示懷疑，蕭條景象若持續下去，日本的產業是否還能有發展的可能？松下認為在這種關鍵時期，站在指導地位的人，應該分秒必爭地為使日本繁榮而賣力才對。為了達到繁榮的目的，應該要「活動，再活動」。本來走路的地方，要改騎自行車；本來騎自行車的地方，要改開汽車。藉此提高活動效率。東西用得愈多愈好，這樣才能促進新舊產品的更新循環，工業技術才會更加提升，才能消除不景氣，實現繁榮日本的目標，國民才會有朝氣、有幹勁，國家才會富強。

基於這種認知，松下採取了與政府截然相反的方法。政府提倡節約，但松下認為，這時候就是有錢人應該花錢的時候。松下的第一輛汽車就是在這時候買的，因為不景氣，大家都不願意買車，所以價錢特別便宜，而且因為汽車的使用，使得工作效率也提高了。便宜的價格、高速的工作效率，證明松下的判斷沒有錯。一位想蓋一棟大房子的人怕被批評，便來請教松下，松下回答說：「像你這樣的有錢人不蓋房子的話，木工和粉刷匠靠什麼生活呢？他們會埋怨不景氣，他們會更窮，以致無法維持生計。最後他們會詛咒你們這些有錢人為什麼不蓋房子？你以為在這樣的時代蓋房子會被人批評嗎？那些批評者都是不明白事理的人，你大可置之不理。如果你真想為社會做事，就算被批評，也應該有犧牲的精神，泰然自若地接受批評好了。你能供給很多人工作的機會，又可蓋成很便宜的房子，這是一舉兩得的事情。我就是以這種想法，買了這一部新車。」

這種觀念還被運用到公司的管理上，在當時大多數的企業因為業績下滑，都進行了裁員、減薪，希望能以此度過難關。松下電器和其他企業一樣，銷售額劇減，倉庫裡也堆滿了滯銷品。更糟的是，新工廠創建不久，資金短缺。若情況持續下去，不久之後，只有倒閉了。為了要應付銷售額減少一半的危險，生產量也只好隨著減少一半，同時員工也要減少一半。就在這個緊要關頭，當老闆的松下卻又偏偏躺在病床上。

松下將管理重任交給了井植和武久兩位，他們花了很多心思去思考如何應對，最後得出的結論是：為了解決目前的窘困狀態，只好先裁減一半的員工。當他們把這個想法告訴松下的時候，松下當即表示反對，他告訴他們說：「生產額立刻減半，但員工一個也不許解雇。工廠勤務時間減為半天，但員工的薪資照全額給付，不減薪。不過，員工們得全力銷售庫存品。用這個方法，先度過難關，靜候時局轉變。照這種方法行事，我們也可因而獲得資金，免於倒閉。至於半天工資的損失，是個小問題。如何使員工們有『以工廠為家』的觀念，才是最重要的。所以任何員工都必須照舊雇用，不得解雇一個。」兩人聽了松下的話後，很高興地向松下表示：「我們一定將您的意思轉達給員工。並且遵照您的意思行事。請您安心養病，不用掛慮。」

他們回去之後，便集合全體員工，將松下的意思傳達下去，並表示將按松下既定的計畫做事。員工聽後欣然表示，願盡全力銷售公司庫存。這一計畫的結果令人喜出望外，公司所生產的產品，由於員工的傾力推銷，不但沒有滯銷，反倒造成生產不夠銷售的現象，創下公司歷年來最大的銷售額，解決了公司的危機。

在此期間，松下在西宮的養病所，每天聽取經營狀況的簡報，瞭解到員工們努力將庫存品銷售出去的情景，感到欣慰至極。另一方面，也對於自己能夠判斷得正確，感到相當滿意。松下電器「任何事情，只要堅持到底，最後一定會成功」這種強而有力的信念，就是在此時培育出來的。有了這次經驗，松下電器的經營，可以更大的信心，向前邁進。1930年的不景氣，絲毫沒有影響松下電器的成績，反令躺在療養所遙控指揮的松下創建了第五、第六座工廠。

松下說：「面對艱難的時局，我們要把它當成空前發展的基礎，進而鞏固松下電器百年發展的根基。困局的時候，是我們開拓事業、改變環境、支配命運的大好機會。我們應該利用環境，謀求發展。誰都不歡迎不景氣的來臨，但我們不妨將不景氣當作『轉禍為福』的機會。」因為冷靜的思考和對自我的堅持，松下採取了與大勢相反的方法，使得松下電器在蕭條時期取得了令業界矚目的發展。

永不絕望的誠懇和毅力，
會改變既定的事實，
化解人的堅定意志。

……松下幸之助……

9 把事情看得簡單些

許多事情能不能成功，關鍵在於你有沒有「絕對能做到」的信心。與其把事情看得很困難，倒不如把事情看得簡單些，這樣更容易成功。

1929年到1930年，由於濱口內閣的緊縮政策，經濟狀況江河日下。但松下電器的業績卻一路領先，因此得到許多代理商的信賴。收音機當時流行的新產品，因此有許多代理商勸松下電器製造收音機。

這個提議引起了松下的關注，因為自己所使用的收音機常常發生故障，因此松下在此之前就關注過它。松下想：「體積這麼大的機器，為什麼就不能做得牢固一些呢？」雖然在當時，收音機出現故障是理所當然的事，但松下卻不這麼認為。聽到別人的提議後，松下決定在松下電器製造收音機。於是派人去做市場調查，得到的報告如下：

1．收音機是常常發生故障的機器，沒有專門技術，就沒有辦法做收音機的生意。

2．就算銷售收音機，售後服務也是一件很棘手的問題。所以在零售店裡，收音機的價格非常高昂。在競爭激烈的市場中，要高價賣出是不容易的。這種生意不好做。

3．有些電器行，因為收音機常常發生故障而被顧客指責沒有信用。後來零售店就乾脆不賣收音機了。

4．批發商以為收音機利潤很高，不過這要以不發生故障為前提。而事實上，退還的收音機數量眾多。

5．各製造商拚命地推出新型產品，一不小心，就會堆積一些賣不出去的過時品。這好像是一場流行貨品的戰爭，沒有安全性，是一種容易賺錢，也容易虧本的生意。

6．收音機是時代的寵兒，所以非常具有發展性。不過，非減少故障不可，如果松下電器能製造故障少的收音機，代理店都很願意經銷。

聽了報告後，思索良久的松下決定接受代理商的建議，在松下電器製造收音機。可是松下電器沒有任何製造收音機方面的常識，也沒有哪位員工具有這方面的專門技術。但是想要製造出比別人更好的收音機，短時間內又難以完成。於是松下想了一個折中的辦法：不由松下電器自己製造，而是找一家最優秀的收音機製造商，請他在松下電器的指導方針下，改良並製造出更好的收音機。

經過多方面的調查，松下找到一家信用和技術都頗有口碑的製造商，這家製造商製造的產品是市面上發生故障最少的。松下找到製造商進行磋商，製造商對松下電器的作風相當瞭解，雙方很快便達成了協定。松下以5萬日圓的代價，將製造商的工廠組成一個股份公司，開始從事生產收音機。

透過松下的銷售網，新產品被迅速推銷出去。代理商都認為這是渴望已久的松下電器的產品，所以非常放心地銷售。在宣傳方面，松下也投入了高額的廣告費。可是，結果卻非常糟糕。因為故障百出，退貨情況不斷增加。有的代理商甚至憤怒地指責松下：「我們以為松下的產品一向都很有信用，結果卻糟糕透頂。不但收音機的貨款收不到，就連其他商品的貨款也受到牽連。我們實在被你害慘了。你到底打算如何賠償我們？」

松下覺得非常意外，雖然這些收音機算不上是最理想的，也不至於有這麼高的故障率。請來的製造商的產品，就算有故障，其比例也應該比其他產品低才對。可是，面對眼前堆積如山的故障收音機，松下無話可說。信譽掃地是一件很嚴重的事情，現金的虧損也相當嚴重。尤其令松下感到遺憾的是——他們自信滿滿地向代理商推薦收音機，代理商也對他們給予高度信任，結果卻是代理商的努力付諸東流。事已至此，已經無法挽回，松下所能做到的，只有著手去調查原因，做一次全盤的檢討。向來少有故障的產品，為什麼由松下銷售以後，便會發生故障？到底是製造商的製造方法改變了，還是松下的銷售方法有了缺陷？調查的結果報告如下：

1．製造商的製造方法一點沒有改變，技術人員也都按部就班地工作，技術上也沒有什麼不同的地方。只不過是生產量稍微增多罷了。故障的原因，不可能發生於製造過程中。

2．製造商以往的銷售方法，大多是透過收音機店或者銷售收音機為主的電器行進行銷售。這些店對收音機，較一般人具有豐富的專業知識。他們知道收音機是很容易發生故障的，所以在賣出以前，都一個一個加以檢驗。如果查出了毛病，一定自己先行修好，然後才交給顧客。所以退貨給收音機工廠的幾乎沒有。

3．松下的銷售網，多半都以電器行為主，有收音機專門知識的零銷店比較少。他們不會像收音機店那樣，先檢驗之後，才交給顧客。沒有經過檢驗，從箱子裡拿出來，打開開關看看，能響就以為沒有問題，不能響就是故障品而退回。只要真空管鬆一點，或是螺絲鬆了，就不響。若把這些當作故障，那麼幾乎所有的收音機都是故障品了。

基於這種情況，是按照製造商以前的銷售方法，只賣給有技術的收音機行，還是重新製造一種可靠而不需要經過檢驗就可以透過一般電器行進行銷售的收音機，成了松下必須面對的抉擇。松下反覆冷靜地思考這個問題，最後他得到的結論就是：既然要在松下製造銷售收音機，就應該製造出能讓一般電器行銷售的收音機，如此才有意義，否則寧可不經營收音機。

拿定主意後，松下便對製造商說：「今天的失敗，不是你的責任。原因是沒有經過詳細考慮，就把收音機交給缺乏技術的松下代理店推銷，我也感到慚愧萬分。這點我覺得很對不起你。不過，由於這次的經驗，我才瞭解收音機界的實際，反而更覺得責任重大，我的信念更為堅強。不管付出多少代價，克服多少困難都要依照當初的方針，製造不會發生故障的收音機，生產出『沒有技術的商人也能銷售出去』的收音機。手錶這麼精細，都不會出問題，像收音機那麼大的體積，應該可以再改良，使它成為絕對不會出故障的東西，請你重新設計好不好？我雖然對收音機是外行，可是我覺得現在的收音機，尚未脫離玩具階段。今天的失敗，可以造就明天的成功。我們不要氣餒，我們應該拿出勇氣，向改良邁進，實現我們的理想。」

製造商認為這不是簡單的事情，他說：「目前的收音機，沒有辦法做到『絕對不會出故障』的地步，如果大量生產的話，會造成不可收拾的後果。既然松下的銷售網不適宜經銷收音機，不如按照以前那樣，委託銷售收音機的專賣店賣出去比較安全。」松下很執拗地說：「我想你的想法錯了，你一直認為收音機是會出故障的東西，這種先入為主的觀念，本身就不對。那等於是對病人說，你的病非常嚴重，無法治癒。現在你的意思就如同給病人那樣的暗示。我們應該相信病是很輕的，很容易治好，要有這種觀念才對。同樣的道理，我們要把收音機當作構造簡單的東西。它外形很大，裡面的零件亂糟糟的，只要把零件整頓一下，就能成為完全沒有缺點的東西，你自己要有這樣的觀念，同時要讓每一個員工都有這種觀念。不要多久，就能製造出理想的收音機了。」製造商聽了，感到非常吃驚，他說：「製造收音機如果像你所說的，好像吃速食麵那麼簡單的話，任何製造商都不會那麼傷腦筋了。」兩人意見並未達成一致。

由於退貨導致巨大虧損，製造商常常跑來找松下要求恢復以前的銷售方法，但是松下的信念非常堅定。雙方經過一場和氣的研討之後，由松下負擔全部損失，製造商依舊獨自經營。所以，松下不得不從頭開始，用更好的產品來挽回損失和信譽。松下當即向研發部門發出緊急命令，要求它們設計出合乎理想的收音機。但是有一個巨大的現實難題是，松下研發部門只研究一般電器用品，從來沒有研究過收音機，當然也沒有研究收音機的專門人才。

當時研發部主任中尾君聽到這道命令後，對松下說：「松下研發部從來沒有研究過收音機。現在突然要我們設計理想的收音機，難度很大。我們願意試試看，但是需要一段時間。」松下向他說明收音機的銷售經過和現狀，然後說：「不能慢慢來。儘管目前工廠裡沒有一個專業技術員，儘管你們不願意，但還是得由研發部門承接研究工作。你們都是優秀的電器技術人員，收音機和電器不是一樣嗎？現在也有很多業餘的收音機製造者，它們拿零件拼湊組合，也能成為一台性能優良的收音機。你們有齊全的設備，市面上到處買得到收音機零件。為什麼不能在短期內設計出一台很好的收音機呢？你們有沒有『絕對能製造得出來』的信心是問題關鍵所在。

我相信一定做得到，希望你們努力去試，儘快完成任務。」

中尾聽松下如此一說，不敢表示推辭之意，只好回答說：「我來想辦法。」結果在短短三個月的期間裡，完成了與理想相當接近的收音機。剛好這時候，日本廣播電視臺舉辦組合收音機比賽。松下把剛試驗完成的產品送出去參加比賽，很榮幸地得到了第一名。對此，松下和中尾都感到非常驚喜。

很多前輩製造商一同參加比賽，但誰也沒想到松下電器竟能拔得頭籌，大家都感到非常意外。但仔細想一想，這也是情理之中的事情，因為松下的信念和中尾的努力，以及全體松下員工的熱忱促使了這件事的成功。松下說：「許多事情能不能成功，關鍵在於你有沒有『絕對能做到』的信心。與其把事情看得很困難，倒不如把事情看得簡單，這樣更容易成功。」

永不絕望的誠懇和毅力，
會改變既定的事實，
化解人的堅定意志。

……松下幸之助……

10 把事業當作崇高的使命

生產者的使命就是要把生活物質變得如同自來水一般無限豐富，「物以稀為貴」，相反，無論多麼貴重的東西，只要把它的量增至無限多，那麼它的價格便會低到幾乎等於免費。

1932年3月，一位朋友鼓勵松下信教，松下說自己從不信教。那位朋友說：「我過去也不信，但自從我瞭解宗教的價值之後，看到了自己從前處理人生諸事之謬誤，也發現以前惱人之事離我而去，精神非常愉快，我的事業也隨之興旺起來。我願與你分享信教之幸福。」雖然松下仍是婉言謝絕，但是朋友的誠摯與「掩飾不住的快樂」，卻留給他深刻的印象。10天之後，這位朋友再次來邀請，好奇心驅使松下幸之助接受了邀請，到該宗教的總部去參觀。

好友向松下介紹說，在製材所（製造木材的地方），每天都有大約100個義務製材工人，把從全國各地方信徒捐獻來的木材，製造成柱子、天井、棟樑。每天有100個人來從事製材的工作，真有那麼多的用途嗎？

松下幸之助有所懷疑，問道：「主殿蓋好了之後，製材所不是就沒有用處了嗎？」好友很有把握地說：「松下先生，你不用擔心，正在建設的房子蓋好了以後，還會有其他的，每年都有建築物要蓋。我們必須擴大，絕對沒有縮小之理。」松下幸之助聽了非常欽佩，這種永遠擴大的事業是企業家很難做到的。

他們一走進製材所，就聽到馬達和機械鋸子鋸斷木材的聲音。在轟隆轟隆的雜音裡，在滿地堆放的木材邊，只見很多工人流著汗，認認真真地從事製材工作。那種態度，有一種獨特的、嚴肅的味道，和一般木材製造廠的氣氛截然不同。規模如此龐大而又肅穆的場面令松下幸之助十分驚奇與感動，不由得再三詢問自己：我們的敬業精神與他們的最大差別到底在哪裡呢？

俗語說：「窮病最苦」。消除貧窮，可以說是最有意義的工作。松下常想：「我們人類的生活，必須是物質和精神並重，兩者缺一不可。就像車輪一樣，左右輪子缺哪一邊都不行。我們的事業，正如某宗教的事業，都是神聖的事業，並且也都是人類不可缺少的事業。」思及於此，松下的腦海裡突然冒出一個想法：「我們經營的事業，應該可以達到比某種宗教更為神聖、更為旺盛的境地。」企業的倒閉或者倒退，都是經營不當所導致的，原因就在於經營者的私心、唯利是圖、因循苟且等。要避免這些不正當的經營方式，企業才能長久發展下去。

那麼什麼才是真正神聖的經營方式呢？松下提出了一個觀念，那就是「自來水哲學」。他解釋說，加工過的自來水是有價值的，我們都知道偷取有價值的物品都會遭到處罰。儘管自來水是有價值的東西，但是如果有一個乞丐打開水龍頭，痛痛快快地暢飲一番，大概不會有人去處罰他。這其中道理大家也都明白，因為自來水非常豐富，只要它的量豐富，偷取少許是可以被原諒的。松下由此想到：生產者的使命就是要把生活物質變得如同自來水一般無限豐富，「物以稀為貴」，相反，無論多麼貴重的東西，只要把它的量增至無限多，那麼它的價格便會低到幾乎等於免費。只有把事情做到這種地步，貧窮才可以消除，因貧窮而產生的煩惱也將消失得無影無蹤。生活的苦悶，更會減少到零。以物質作為中心的樂園，再加上宗教的力量，獲得精神的寄託，人生就可以無憂無慮，逍遙自在了。

這就是松下眼中，真正神聖的經營法則，松下的經營方式也完全是按照這個原則進行。松下電器的經營光明大道，便是以「自來水哲學」為指引，走向消滅貧窮之路。背負著這個使命，松下感到雄心萬丈。為了將這個想法付諸實際行動，1932年5月5日，松下把全體員工召集到大阪中央電器俱樂部的禮堂，向他們說明了松下電器的真正使命，發表了松下公司歷史上最重要的一次演講：

「今天我請各位集合在此地，就是要告訴你們，松下電器從今起到將來所應負的使命，也就是我和各位作為生產業者所應擔負的重大責任，希望各位能夠充分配合，並請各位有所自覺。

「我們松下電器自創業以來，歷時15個年頭，當初從3個員工開始，發展到今天，已經有店員100多個，作業員1000多名，銷售金額高達1300萬日圓。一年年、一步步向前邁進，終於有了今天的成就，這是一件值得大家一起慶賀的事，完全得歸功於『有堅實、積極的方針』，並且能夠獲得各位的鼎力相助，大家精誠團結，衝破艱險，才獲得這樣的成果。回憶過去，對各位一直為松下電器流汗、盡力，我要表示十二萬分的謝意。

「我在前些日子，有所領悟，發現了我們應該擔負的大使命。松下電器創業至今，可謂披荊斬棘，對產品下了很大的工夫，建立了『物美價廉』的銷售主義。我們在宣傳廣告以及海報設計等方面也有驚人的表現，這是各位都知道的。接著更進一步，建立了健全的代理店銷售制度。我一直在忙碌中度日。松下電器現在已經有十幾間工廠，雖然都是小工廠，數量也很可觀了。專利品也有280多件。最近研究人員增加不少，申請專利品每日平均十幾件。在金融方面，獲得了銀行的信用，因此能周轉順利。到了今天，雖然是私人經營，但也已成為一個強大、堅實的工廠。

「可是我冷靜地思考，這樣的發展也只不過是一種生意人的成功而已。工廠方面也只不過是經營得法而已。我認為目前的成果，很值得安慰。可是在另一方面，我心中卻有了疑問：我們可以滿足於現況嗎？

「最近我參觀了某宗教總部，那種盛況令我驚異，於是開始想：到底宗教的使命何在？和生產業者的使命不正有相似之處嗎？都是為了更幸福的人生而努力。企業家的使命，是要使貧窮徹底消失。作為生意人或生產者，其目的並不單單是使零售店和經銷商繁榮，而是要使社會上的每一個人都能富有。製造商和商店只不過是社會繁榮的工具而已，所以商店和製造商的繁榮是次要的。那麼如何達成這個使命呢？唯一的方法就是生產再生產。

「今日的各水泥公司，雖然有很好的設備，卻不肯降低售價，從產業人的使命來看，這一點我認為是應該檢討的。」接著松下又把他的「自來水哲學」向在座的員工闡述了一遍，然後做了一個完成使命的規劃，說：

「從今天起，往後算250年作為達成使命的期限。把250年分成10個階段。再把第一個25年分成三期：第一期的10年，當作建設時代；第二期的10年，當作活動時代；第三期的5年，當作是貢獻時代。以上三期，第一階段的25年，就是出席各位所要活動的時間。第二階段以後，由我們的下一代，用同樣的方法重複實踐。第三階段，也同樣由我們的下下一代，用相同的方法重複實踐。依此類推，直到第十個階段。換句話說，250年以後，要把這個世界變成一個物質豐富的樂土。

「如上所述，我們的使命，任重而道遠。從此刻起，我們要把這個遠大的理想和崇高的使命，當作我們松下電器的使命。你們應該要自覺、勇敢地挑起擔子。很遺憾，沒有責任自覺的人，我不得不認為他是與我們松下電器無緣的人。我們並不希求人數眾多，我們需要的是有使命感的人團結起來，朝著目標前進，這才是有意義的事。在此我必須聲明一句話：我們的使命重大，理想崇高，因此，有時我不得不以嚴峻的態度要求你們。可是對各位的辛勞，一定會重重地酬謝。

「松下電器從未設過創業紀念日，也未曾舉辦過紀念典禮。可是今天我要指定5月5日為我們的創業紀念日。以後每逢這一天，一定要舉行隆重的典禮來祝賀。我要把今年取名叫『命知』創業第一年，以後就是命知第二年、第三年……依此類推，直到命知250年。『命知』的意義就是『知道生命』。過去15年，只是胚胎期，今天叫了一聲，新的生命終於誕生了。釋迦牟尼在母親胎中，孕育了三年三個月的時間，所以他會有異於常人、不平凡的創舉。松下電器在母親肚子裡，孕育了整整15個年頭，我們應該有超越釋迦牟尼的表現，完成我們的任務才行。」

松下的這番演講得到了所有員工的熱烈響應，老員工、新員工一個接著一個爭先恐後搶著上臺發表感想。新老員工一個個慷慨激昂，有人甚至表示願意為使命犧牲，令人振奮的場面一幕接一幕地出現。為了使每個人都能上臺講話，不得不將3分鐘發言改為2分鐘，後來再縮短成1分鐘。

1932年5月5日，成為松下電器固定的創業紀念日。之前全體員工也很努力，但此後的員工們的精神更加飽滿。由此，松下對自己的信念更加堅定，他甚至相信，有這樣一群充滿熱情的員工，不用250年就能完成使命。

松下認為，任何事情要成功，必須先確立崇高的目標，然後一步一步踏穩腳步向前走去。除此之外，別無他法。松下電器就是這樣走過來的，今後也要一如既往地走下去。

永不絕望的誠懇和毅力，
會改變既定的事實，
化解人的堅定意志。

……松下幸之助……

11 危機中的機會

在最不利的環境裡，奮起改革，除了應對當前的危機，意義更在於未來。

1945年8月15日，日本無條件投降，第二次世界大戰結束。作為戰敗國的日本，受到沉重打擊，經濟幾近崩潰。第二天，松下迅速做出反應，他把所有公司幹部集中到禮堂，宣佈立即由軍需生產轉變為民生必需品生產的方針。

當年8月底，由麥克阿瑟指揮的盟軍進入日本。盟軍總部陸續發表了戰後處理與民主化的政策，基於這些政策，日本的政治經濟和人民生活受到強烈的震盪。在一紙命令下，松下公司不得不停止生產民生必需品的計畫。松下立即向有關部門提出強烈抗議，經過再三交涉，終於獲得恢復生產的權利。恢復與老代理店的交易，生產銷售大致走上正軌，於11月開始首次戰後銷售。可是由於這一段時間的人事費及轉變生產費用增加，銷售額一個月不到100萬日圓，而借入的款項已達2億日圓以上。每個月光是利息，就得負擔80萬日圓以上。設備不足、糧食短缺，整個生產效率根本無法提高，松下公司幾乎陷入了無能為力的困境。

面對種種惡劣條件，慣於逆勢而為的松下並沒有失去信心。松下認為，此後將會是競爭更為殘酷的時代，要想保持公司的優勢競爭力，就必須發揮全體員工的積極性，但前提是員工生活的安定必須得到保障。在這種情勢下，松下提出「高薪津、高效率」的制度。在保障全體員工的經濟利益的前提下，將各單位的工作詳加細分，並進一步專門化，使員工所擔任的業務、生產、經營各方面，都成為世界上最高的專項權威。接著松下廢止職員區別制，並實行全體員工薪津制、八小時勞工制等合乎時代的政策。這一些大刀闊斧的改革措施，為松下電器在戰後復興與發展奠定了基礎。

就在松下電器要以新制度、新政策為指導進行新的經營時，一個巨大的危機向松下電器襲來，松下電器陷入有史以來最為艱難的困境。1946年3月，因為盟軍「解散財閥」的政策，松下電器被盟軍指認為財閥。因此，一切和松下電器及子公司有關的資產，甚至連松下私人財產也被凍結，以至於他不得不依靠向朋友借債度日。

福無雙至，禍不單行。一個更為嚴峻的危機讓松下電器瀕臨分崩離析的邊緣。

1946年11月，松下以及松下電器常務董事以上的高層人員，都以「曾經擔任軍需品公司高級職員」之名，遭到盟軍的解職命令。這一變故使松下電器產生了巨大的震盪，公司隨時面臨解散的危險。

盟軍的兩個命令讓松下電器遭受巨大衝擊，松下頑強的性格是化解危機的重要因素。對於被指定為財閥一事，松下感到莫名其妙。他認為松下電器公司，是在這一代才白手起家建立起來的，不過20多年的發展歷史。換句話說，松下電器等於一家普通電器廠的擴大，跟大財閥而且經過好幾代的情形不同。松下電器平時的營業項目，屬於家電產品，過去在軍方的要求下參加軍需工業，但也為此舉債，成了戰爭受害人，被指定為財閥完全錯誤，必須加以糾正。於是在以後的4年當中，松下去東京駐軍總部共50多次，不斷提出抗議，並委派擔任常務董事的高橋荒太郎，與之進行了100多次的交涉。

其他被指定為財閥的公司負責人，按照規定陸陸續續地辭職了，只有松下為堅持糾正錯誤，奮鬥到底。要盟軍總部撤回決定並不容易，然而在不斷持續地說明實際情形之後，盟軍佔領日本的政策也告緩和，松下終於在1949年年底獲得「財閥」的解除令。至於限制公司的指令，也在1950年解除。自此，松下電器終於自由了。

而對於盟軍的解職命令，松下曾在戰爭期間提供生產軍需用品，對於這一處罰，松下毫無爭辯的餘地，只有辭職。就在這時，一般來說會與公司對立的工會竟然主動發起解除「社長被驅逐」運動，這與松下公司在多次危機時堅決維護員工利益有著密不可分的關係。經過4個月的不懈努力，松下以及公司其他高級人員的驅逐令一併得以解除。

松下電器總算在死亡邊緣被拉了回來。然而，過程是極為艱難的，因為在此期間，松下電器又遭遇了另一個新的危機。為了抑制戰後嚴重的通貨膨脹，政府從1948年春天起，開始實施緊縮金融政策。雖然在一定程度上緩和了物價上升的趨勢，但產業界卻因此遭遇到嚴重的資金困難，企業紛紛倒閉。在這期間，松下電器在1947年初每月1億日圓的銷售額，到1948年開始嚴重下降。當年秋天，資金僅有4630萬日圓的松下電器，借款已高達4億日圓，而且還有4億日圓的未付支票、未付款項。第二年的情況進一步惡化，松下電器的收音機、電燈泡等12家工廠，不得不半日休工，松下電器滯納貨物稅見諸報端，松下為此贏得了「欠稅大王」的封號，情勢可說困難到了極點。

然而，令人難以想像的是，就在這種腹背受敵的關鍵時刻，松下再次進行了工廠整頓，開始重建經營，進行機構改革，並重點加強銷售網。松下親自到全國各地拜訪代理商、經銷店，成立代理店的親睦組織——「國際共榮會」，並恢復聯盟店制度，全力輔助代理店，鞏固向心力。同時在全國設立營業所，再以縣市單位設立辦事處，全力強化銷售體系。到1950年3月，松下公司再次進行機構大改革，恢復事業部制度，並與代理公司合資成立銷售公司，專賣松下產品。

這些舉措使代理商、經銷商的銷售熱情高漲，並建立了「松下是代理店的工廠，代理店是松下的分公司」這樣一種極為穩固、親密的關係，這種關係為松下公司在戰後混亂時期安然度過各種危機產生了不可忽視的作用。

1950年6月，朝鮮戰爭全面爆發，美國開始向日本訂購大量的物資，沉到谷底的日本經濟迎來曙光。此時的松下公司，在經歷困難時期的不斷改革、完善後，猶如鳳凰涅槃，依託科學、合理的公司內部結構，強大的生產、技術能力，無與倫比的員工凝聚力以及無比暢通、向心力極強的行銷網絡，抓住機遇，迅速崛起，並開始海外市場的征程，邁開了走向國際市場的嘗試性而又無比堅實的一步。

松下幸之助在回憶這段歲月時說：「然而大戰結束了，戰時需給的補償費全部停止；應向軍方收回的貸款，亦一律一筆勾銷；同樣，有好多公司關門倒閉，我手裡的股票自然變成廢紙，不名一文。可是用我個人名義向銀行的借款，卻必須如數奉還，想要有一分錢的賴帳也是做不到的。在這樣情形之下，戰後那一段時間，要繳納財產稅實在無能為力，當時以個人來說，我恐怕是日本全國之中負債最多的一個人。」在戰後短短的幾年中，松下經歷了許多不幸，蒙受七項指斥、懲罰，可是，松下沒有被不幸所困擾，而且他也不相信所謂「倒楣的命運」。

在最不利的環境裡，奮起改革，除了應對當前的危機，意義更在於未來。

永不絕望的誠懇和毅力，
會改變既定的事實，
化解人的堅定意志。
……松下幸之助……

12 在競爭與合作中謙虛學習

松下不是天生的經營大師，他透過不懈的努力以及見賢思齊的謙虛態度，才達到了令人矚目的成績。一個人常常具有謙虛的態度，才能夠吸收新知識，然後才會有進步。松下被人稱為「經營之神」，實際上，經營訣竅一類的內容並不是支撐神的柱石，支撐松下的不過是一些磚瓦，支撐松下「經營之神」豐碑的，是他為人處世的態度，是他不凡的思想見識。

女演員高峰三枝子對松下曾作如此評價：「松下先生的地位雖然那麼崇高，卻一點也不驕傲，對人一視同仁，平易近人，所以和他交談時，往往會忘記你眼前是一位偉大的大人物。而他的談話內容，不時會有令人溫暖感動的人生哲理。他有一對豎立的大耳朵，對自己不明白的事，一定會率直地問『這是為什麼？』徹底查明，真是活到老，學到老。」不管何時何地，松下總是保持著謙虛低調的作風，始終以一種低姿態不斷學習，不斷進步。

朝鮮戰爭的爆發，使得日本經濟得以迅速恢復。據統計，朝鮮戰爭之前，日本全國工廠的存貨總額達1000億至1500億日圓，及至朝鮮戰爭爆發，這些存貨在短時間內一銷而空。松下電器在時代浪潮下，也取得了長足的發展。在朝鮮戰爭爆發之前，松下電器每月的銷售額只有幾千萬日圓，戰爭爆發後，銷售額直線上長，利潤猛增。松下電器接到的軍需品訂單有乾電池、蓄電池、通信機械、電燈泡等，總額將近4億日圓，處處先人一步的松下電器獲得了一次飛躍性的發展。

儘管松下電器日漸步入佳境，但松下並沒有被這一片大好形勢沖昏頭腦。松下給自己的企業進行了一次重新定位，他不再把自己當成一個有所成就的企業家，而是把自己當成業界的小字輩；也不把松下電器當成是一個「小巨人」，而是把它當成剛起步的新企業。當然，松下並不是鄙薄自

己和松下電器，而是站在世界企業界的立場審視、評價自己和松下電器。松下從更大的世界觀來看待事情，將心靈恢復到如同一張白紙一樣，「重新開始，從頭做生意」便成了松下的新觀念。

松下認為，做生意免不了激烈的競爭，所以要保持高昂的鬥志，但此外更重要的是謙虛的態度，這才是帶來進步的根本。當初松下初創之時，便保持著一種向人學習的謙虛態度；如今松下電器「重新開始」，松下所期待的是能恢復當年初創時的熱情與謙虛的態度。

松下幸之助以「重新開業」的心態投入松下電器重建以及進一步發展的時候，技術是其最為重視的問題之一。1951年1月，松下決定第一次前往美國。此行的目的，主要在於調查海外市場，以及引進國外技術，學習別人經營的長處。此次美國之行，松下見識到了美國的先進與繁榮：電視普及率非常高，全國有700萬台，收音機也突破1億台，此外還有各種電子儀器陸續大量生產。松下參觀了一家擴音器製造廠，其生產效率之高讓松下瞠目結舌，該廠只有員工350名，但每月卻能製造出15萬台產品。而在工作報酬方面，美國一家電子管製造廠女工的薪水，比日本一個總經理還高。美國企業高效率的秘密，和先進技術特別是電子技術，讓人稱奇。

此外，松下還看到「專業分工」管理制度在美國以驚人的規模和速度推動實現。除了相當規模的集團公司以外，大多數企業都是專業化的，只生產一種或幾種產品，甚至是生產一種產品的一個或幾個部件。至於具體工人的工作，就更是專業到了不能再分割的地步。如此一來，無論工廠還是工人，大家都把財力、設備、人力集中於某一方面，當然就能做得既精又快。松下當時想，引進美國的長處，活用其優點，則日本必將變得十分進步和繁榮。

4月7日，松下結束行程返回日本。關於這次行程，松下做了認真思考和總結，進一步肯定了「專業分工」方針實施的必要，同時確認電子技術方面應該向海外學習。根據這個結論，除原先已成立第四事業部外，再把第一事業部的電燈泡、日光燈、電子管等部門獨立出來，新設立第五事業部，積極進行引進海外技術的準備工作。

1951年10月，松下再度赴美，然後轉往歐洲，此行的目的是尋求電子工業方面的合作廠商。就合作的對象而言，荷蘭飛利浦在戰前就跟松下有過交易，戰後的1948年末期仍繼續保持來往，另外，美國的RCA公司也是松下考慮合作的對象。最終松下選擇了飛利浦作為合作夥伴。

吸引松下的是飛利浦公司優秀的技術，出色的經營能力。松下認為，比起日本，荷蘭土地狹窄，資源缺乏，然而在這樣的環境中，飛利浦卻能在60年內從製造電燈泡開始，成長為在全球擁有近300家工廠和銷售網點的世界知名電器廠商。這麼輝煌的歷史，顯然有很多地方值得松下電器學習。

松下瞭解到，飛利浦有一支龐大的、實力雄厚的研究團隊。這支科研團隊共有3千多名研究員，而且大多是荷蘭優秀的人才，其中曾經有人獲得過諾貝爾獎。這家研究院已經有多年的歷史，花費上億美元。一般來說，辦研究院是政府或大學的事情，而飛利浦卻獨樹一幟，以企業身分辦起了研究院，而且獲益良多。

這次考察，讓松下感到不安。他初次到美國，看到過一家工廠的乾電池製造設備，據說是當時最新式的。當他第二次到美國的時候，不到半年，那台機器已經成為這家工廠最老式的機器。在市面上看到的此類機械，都是普通的貨色，並非最好，最好的都在工廠裡。這就是說，美國的一流廠商不僅製造產品，而且也製造「製造產品的機器」，都有自己的研究機構研製這類機器。松下電器要想保持巨型企業的穩固地位，要想生產出一流的產品，實現自己的使命，非增加技術研究與開發力量不可。於是，松下一方面著手和飛利浦談判合作，一方面著手建立自己公司的研究開發機構。

1953年，松下電器公司的「中央研究所」正式成立。為了集中人才、便於研究開發，當年5月，松下專門為此建設了一幢大樓，佔地2千多坪。松下給研究所確立的目標是：從事基本研究和指導；開發新產品；為適應自動化時代的到來，進行製造設備、工具的研究和開發；產品的設計也包括在內。

這個研究所附設有專門的生產設備及工具的製造工廠。研究所附設工廠，這是松下在美國參觀後所得出的經驗，也可以說是出國進行技術考察的意外收穫。本來，他的目的是引進技術和設備，經參觀考察發現，除非像與飛利浦那樣的公司合作，否則是很難得到人家最先進的技術和設備的，因為擁有這些技術和設備的廠商都不願意把自己最好的技術和設備拿出來給別人，儘管出價相當可觀。

如此來看，從長遠考慮，就必須自力更生，自己把這一套做起來。松下深有感觸地對他的部下說：「如果沒有自主的心理準備，只想依賴別人的力量或金錢，是不可能產生真正好的設計的。我看到這個事實，覺得還不太遲，可以迎頭趕上。只要資本許可，要全力更新生產設備。」在松下公司中央技術研究所成立以後，雖然名義上有變更，但松下注重技術、松下電器擁有一支實力雄厚的科研技團隊的事實則從無變更。在此期間，松下電器還成立過技術研究所、松下工學院。

在這次經歷中，松下始終保持謙虛心態，不斷向優秀者學習，這不但使松下電器的產品品質提升到了國際水準，而且使松下電器在此期間終於建立了本身獨特的技術基礎。

松下不是天生的經營大師，他透過不懈的努力以及見賢思齊的謙虛態度，才取得了令人矚目的成

松下幸之助創業地

績。一個人常常具有謙虛的態度，才能夠吸收新知識，然後自然就會有進步。松下被人稱為「經營之神」，實際上，經營訣竅一類的內容並不是支撐神的柱石，支撐松下的不過是一些磚瓦，支撐松下「經營之神」豐碑的，是他為人處世的態度，是他不凡的思想見識。

永不絕望的誠懇和毅力，
會改變既定的事實，
化解人的堅定意志。

……松下幸之助……

13 適應市場需求是企業競爭力的保證

針對不斷變化的市場需求，不斷調整企業的經營結構和推出適應變化的新產品，是企業發展的關鍵因素。在經營中，任何時期的方針或方法是絕不能一成不變的，松下說，今天跟昨天比，昨天被肯定的產品，今天未必還能暢銷。因此形勢的變化，要求企業經營也要有所變化。

判斷一個企業的實力，其是否具有應對市場需求的能力是一個很重要的參考標準。松下電器在「經營之神」松下幸之助的領導下一直穩步前進，其中自然不會缺少因為應對變化而做出正確調整的神來之筆。

1951年9月，日本的民營電臺廣播開始啟動，收音機的需求量大增。為了使產品更加普及，松下決定建立新的分期付款銷售網。這一年10月，與全國各地代理店共同出資，設立「國際牌收音機分期付款銷售公司」。這一變革果然奏效，松下的收音機產品銷售迅速增長，新的銷售制度逐漸擴大，松下電器的市場地位也更加鞏固。

松下看到，那時自行車代理店的利潤微薄，即使是一流產品，也只有4％到5％的贏利，而電器界卻高達10％，相差懸殊。因此自行車業不太穩定，倒閉的公司不少。針對這一情況，松下公司率先成立「國際牌輪榮會」，加強銷售網的團結，並致力於提高自行車代理店的利潤。松下認為，薄利多銷是資本主義經濟的缺陷，也是非常自私的做法。薄利多銷，換句話說就是降低薪資，或許可以一時賺錢，然而必定會使絕大多數人們陷於貧困，使業界陷於混亂。松下希望糾正這一錯誤，於是決心建立有力的銷售網。

所謂「有力的銷售網」，也就是對消費者做到充分服務的意思。有了充分的服務，即能得到消費者滿意的支持，經銷店的經營才能安定下來，從而才能保證製造商的穩定發展，促進人們更豐裕的生活，實現社會的繁榮目標。

1951年9月，對日和約在舊金山簽訂，松下電器開始產銷全面性的電氣化產品洗衣機。最早銷售的洗衣機，價格每台四萬六千日圓，雖然僅僅是攪拌式的簡單構造，但是影響卻很大，它不但受到一般消費大眾的歡迎，也象徵女性從繁重的家務的桎梏中解放出來，提高了婦女的地位。

這一年的12月，松下公司推出電視機，是17英寸的機型。推出前，松下公司先用巡迴車到各地展示，受到熱烈回響。電視機和收音機一樣，隨著民營廣播網的發展，成為新的強力大眾傳播媒體，也形成電氣化產品流行的推動力。電視傳播普及到普通家庭，對國民的生活與文化造成了莫大的影響。

1953年，松下推出第三種大型家電——電冰箱。戰後因為生產冰箱供應給駐日美軍而獲得佳績的中川電機，要求參加松下系列工廠。這家工廠的前身，是早年曾給松下第一批電扇底盤訂單的川北電氣，此時已是松下的一員。電視、冰箱、洗衣機上市，改變了人們的生活，同時帶來了嶄新的電器化時代。

其他小型家電如果汁機、烤麵包機、咖啡爐、吸塵器、蒸氣電熨斗等50多種新產品，也在1950到1953這幾年間，陸續推向市場。朝鮮戰爭之後的3年內，電器界每年銷售增長高達四、五成。但1953年夏季之後，開始呈現旺盛消退的趨勢。為了應付變化的市場，松下採取了一系列措施，削減一半經費，立刻著手整個公司的經費緊縮，謀求資金應用效率化。

同時決定採用「本部制」機構，分別設立管理、事業、技術、營業四大本部，集中經營。本部制乃是集合眾智，將分權化和自主經營加以整合發揮的經營，因此每星期舉行一次本部部長會議，以求整體協調。

1954年，松下電器與日本勝利公司合作，該公司的商標Victor在戰前非常有名。後因遭受空襲，損失重大，美國的母公司又忙於戰後重建，自顧不暇，眼看著就快撐不下去，最後由日本興業銀行出面，請求松下電器予以協助。松下覺得好不容易才建立起來的日本勝利牌，如果任它消失，實在是日本產業界的一大損失，就在這年1月正式簽約合作。同時松下認為正當的競爭，才能發揮Victor的特長，以求得真正的發展。松下電器就在與Victor的競爭下，獲得了巨大的進步。

1955，松下電器舉行創業35周年紀念，戰後混亂時期結束了，人們都希望享受更豐富、更便利的文化生活，一般家庭電氣化產品的需要也大幅增加。

1956年，松下電器銷售額提高為320億日圓，預計到1960年，將達到年營業額800億日圓。員工預計每年增加10％，將由一萬一千人增加到一萬八千人，資本額則由30億增為100億日圓。這個長期發展計畫，就一家民營公司來說，並不多見。然而松下卻認為這個計畫是社會對松下電器的期望，因此要求全體員工，對松下電器的社會責任要有所自覺：「5年後，我們公司的資本額，將由目前的30億變成100億日圓，那時候到底還會不會賺錢呢？我認為一定會。假如不賺錢的話，等於犯了一項罪惡。我們從社會取得資本，集中人才，使用很多原料設備，還沒有成果的話，就是對不起社會。

「以這種想法工作，公司的收益必定增加，各位員工也能得到同業中最高的薪金。只要我們不偷懶，一定可以實現。本公司擁有幾百家代理店、幾萬家連鎖店，背後還有幾千萬的消費大眾。當他們為了提高生活水準而需要商品的時候，如果得不到供應，只好安於貧乏的生活了。所以我們必須事先預期大眾的需要，立即做好充分準備，免得到時候手忙腳亂。這是我們產業界的一大責任。

「換言之，我們就等於和大眾訂下『看不見的契約』，雖然沒有正式交換契約書，我們還是要以謙虛的態度，老老實實依約行事，而在平時做好萬全準備，完成我們產業人的義務。」

5年計畫之外，松下公司又擬定了有關技術、生產、人事、銷售各方面的方針，來配合執行。結果，這項計畫在4年內就完成了。

與荷蘭飛利浦公司合作的松下電力工業高規工廠，是松下新式工廠的代表，被認為是最新電子時代的象徵。1956年，到關西旅行的天皇、皇后，曾蒞臨該廠參觀，由於品質管理優良，在1958年榮獲「戴明獎」。

電視機是1955年建成的門真工廠開始大量生產的。同一時期，在大阪府茨木市，進行籌建大規模的自動化工廠，1958年7月完成建廠。產量從過去月產1萬台增加到3萬台以上。這座電視事業部茨木工廠，和電子工業的高規工廠，並列為全世界最有名的新設備高產量工廠。松下希望他的每一座工廠都達到世界水準。

除了天皇夫婦曾蒞臨高規工廠，各國元首、政要也紛紛前來松下工廠參觀。包括法國總理比尼、紐西蘭總理荷里奧克等人。各國政界、財經界人士前來參觀的人數，到1960年已超過3000人。松下電器的聲名遠播，不僅成為產品與技術輸出的一大力量，同時也在介紹日本工業給海外的工作方面，扮演了重要的角色。

1959年10月，在日本召開的嘉德總會全體會員，到高規工廠與茨木工廠參觀，一位代表說出了他的感想：「本人因參加嘉德總會而來到日本，親眼看到日本迅速發展，實在非常驚訝。我一直在想，該用什麼言語來表達這個感想？今天我參觀過松下電器的工廠之後，方才明白我該說些什麼。如果用一句話來形容日本的工廠，那就是十全十美，我願意把十全十美這句話，毫不猶豫地獻給日本。」

松下電器受到如此高度讚揚，松下公司表現出

大阪電燈株式會社

的強大競爭力和使命感，這些都是松下公司受人尊敬的原因。松下公司強大競爭力的保證，還是來自於松下正確的經營策略。針對不斷變化的市場需求，不斷調整企業的經營結構和推出適應變化的新產品，是企業發展的關鍵因素。在經營中，任何時期的方針或方法是絕不能一成不變的，松下說，今天跟昨天比，昨天被肯定的產品，今天未必還能暢銷。因此形勢的變化，要求企業經營也要有所變化。

永不絕望的誠懇和毅力，
會改變既定的事實，
化解人的堅定意志。
……松下幸之助……

14 慎重選擇合作夥伴

合作必須考慮各種問題，研究對方的品格和作風。對方是否真正考慮合作方的利益，如果是這樣，才去和他們合作。與這樣的夥伴合作，就算把事情全部委託給了他們，他們也會好好地照顧我們的。

在商業世界裡，一個人所能做的事情是極為有限的。合作在這個世界上所扮演的角色越發顯得至關重要，如比爾．蓋茲所說：「你可以不想成功，但你不能不要合作。否則連生存都有問題。」一個優秀的合作夥伴可以是你事業上的良師益友，能使得雙方得到共同發展；而一個差的合作夥伴則可能導致事業功敗垂成。合作夥伴對事業的發展有著非常重要的影響，所以在選擇合作夥伴時，必須要慎重考慮。

松下對合作夥伴的挑選是非常謹慎的，在建立合作關係之前，松下都會先對合作方進行細緻的調查。松下會透過對其經營策略、經營狀況、管理風格和工作作風等多個方面進行調查分析，以確認其綜合實力。對經過分析後得出的結果權衡之後，松下才會做出選擇。

在松下電器的發展歷程中，許多合作者來了又去、去了又來。總體來說，這些合作夥伴對松下電器的發展給予了相當的幫助。在松下電器的發展初期，松下公司剛推出新產品雙燈插座不久，吉田商店的老闆找到松下商談合作事宜。

松下電器在創業初期，在選擇合作夥伴上就顯得極為謹慎，也非常成功。隨著松下電器的日益壯大，對合作方的考察和分析就更加細緻和謹慎。與荷蘭電子公司飛利浦的合作過程，就充分體現了松下慎重的態度。

二次大戰後，盟軍的整頓以及戰後的經濟不景氣讓松下電器一度陷入絕境，透過松下電器全體員工的努力，松下電器得以恢復營運，生產漸入正軌。隨後因為朝鮮戰爭的刺激，松下電器猶如鳳凰涅槃一般，業績取得長足進步。為了謀求進一步的發展，松下決定引進國外的先進技術。因此，松下一年內兩次親赴歐美，考察並尋求合作夥伴。

就當時而言，有兩家公司是松下重點考慮的對象，一個是荷蘭的飛利浦公司，另一個則是美國的RAC公司。當時兩家公司相比較，RAC的技術相對要先進一點，而且合作的技術轉讓費也不算高。但是，松下卻選擇了飛利浦公司作為合作夥伴，對於這樣的選擇，松下是經過了一番謹慎考慮的。

在當時，一些與國外、尤其是美國企業合作的公司，因為雙方瞭解不夠，最後不歡而散，以失敗告終。因此，松下堅定地主張尋求合作者，首先注重的因素就是對方公司的品格作風，以及考慮對方公司經營者的品質人格。松下之所以這樣做，其實並不是要挑出對方的毛病。

在與美國RAC公司的合作談判中，松下對他們的技術感到非常滿意，他們提出的價格也合理。但是對方提出，如果在合作中某些方面出現了問題，他們表示概不負責。也就是說，他們覺得只要自己嚴格履行了合約，就算是完成了合作，對於松下日後的種種境遇，他們既不予以同情也無義務援助。對於一個法治國家來說，這些做法都是絕對正常的。

而荷蘭飛利浦公司則不同。雖說他們也不斷謀求與外國公司的合作，但絕不輕易草率地簽個合約了事。對於松下電器的合作申請，他們表現出相當的審慎，在承諾合作之前，他們要求能夠對松下電器的現狀做充分的調查瞭解，然後再做出決定。

飛利浦公司是這樣解釋他們的想法的：「我們和世界上48個國家的公司有著成功的合作，合作就應該成功，使雙方都受益。如果貿然合作，就可能不成功，這是我們雙方都不願意看到的。合作就像結婚，當然要細緻瞭解、研討對象是否合適。」

飛利浦公司的作風讓松下深為感動。正是這種品格、作風，以及其雄厚的技術實力，使松下在一次次動搖的時候，最終能夠下定決心與之合作。而後來的實踐表明，飛利浦做到了最初的想法，他們甚至不厭其煩地一年三次派人到松下電器考察，一年以後才做出了合作的承諾，飛利浦公司的負責人把這一次合作稱為「與松下電器結婚」。

1952年12月，雙方合作的子公司「松下電子工業株式會社」正式誕生。他們在大阪設廠，生產電燈泡、日光燈、真空管、電視顯像管、手提收音機等產品。松下電器的有關事業部門，利用生產的產品把松下電器的產品品質提高到了世界水準。1951年8月，松下派公司職員到東南亞、中東、南美等處，用他們的新產品開拓海外新市場。1953年成立紐約辦事處，1954年，將2萬台真空管手提收音機向美國出口，其他國家的外銷業務也迅速成長，年營業額達到了5億日圓。此次合作無疑是成功的。

松下在總結此次合作經驗時說：「合作必須考慮各種問題，研究對方的品格和作風。對方是否真正考慮合作方的利益，如果是這樣，才去和他們合作。與這樣的夥伴合作，就算把事情全部委託給了他們，他們也會好好地照顧我們的。」

松下認為，技術引進與合作，看起來投資巨大，得不償失。其實這樣做的結果等於擁有了一個技術先進的工廠，等於雇用了一家大公司作雇員，所以又何必捨不得花錢呢？無論就合作的深入程度來說，還是合作費用的大小、合作的成功係數來說，松下公司與飛利浦公司的合作，都是堪稱一流的。

好的合作者能促使雙方得到共同發展，如果草率做出決定，最終的結果不但會是不歡而散，而且對公司的損失也是巨大的。所以在選擇合作夥伴時，必須保持審慎的態度。松下認為，除了技術之外，合作者的品格和作風也是重要的參考標準。

永不絕望的誠懇和毅力，
會改變既定的事實，
化解人的堅定意志。

……松下幸之助……

15 「玻璃式」經營法

所謂「玻璃式」，也就是要像玻璃那樣透明，其要旨在於內部管理的公開。這種公開和透明，建立在對員工信任的基礎之上。所有的經營狀況，都像玻璃一般清澈可見，不加掩飾。

「玻璃式」經營法，實際上主要是關於內部管理的內容。所謂「玻璃式」，也就是要像玻璃那樣透明，其要旨在於內部管理的公開。這種公開和透明，建立在對員工信任的基礎之上。所有的經營狀況，都像玻璃一般清澈可見，不加掩飾。

對此，松下曾解釋說，在工廠還只有五、六個員工的時候，他每月都和公司的會計做公開的結算，然後把結算的結果向大家公佈。這種方法產生了激發員工熱情的作用，大家在聽到這種結果後，都興奮地認為，這月如此，下月應該更加努力。

「玻璃式」經營法不是松下深思熟慮的產物，也不是學究式邏輯推理的結果，而是經營實踐中的「不得已」。這種「玻璃狀態」能夠持續發展，並形成一種經營思想，和松下自身的經營體驗密不可分。

在松下的經營思想中，玻璃式經營是誕生最早的。當松下公司還是幾個人的小作坊時，生產與銷售混同一起，發明、研製與製造無法區分，甚至生產與生活也融合為一體。這種情況下，白手起家的松下，沒有那種老闆與雇工之間的界限，所有人可以說都是合夥人，所以，松下要隨時把經營情況通報給其他人。由此，形成了松下的「玻璃式」習慣。他的開誠佈公，力求資訊對稱，是他早期創業時賴以生存的基本方式。隨著業務的擴大、人員的增加，儘管老闆和雇工之間的界限開始明朗化，原來親密無間的熟人關係也開始等級化，但公開透明的「玻璃狀態」卻沒有退隱，一直被保持下來。

「玻璃式」經營法的實質是雇主與員工坦誠相待，互相信任。小型作坊採用「玻璃式」經營法比較簡單，而中型企業就已經有了難度，大型公司則更是難上加難。松下能夠一直堅持「玻璃式」經營，在很大程度上，得益於松下的發展是一種自然的增長，是順應市場需要的增長，沒有揠苗助長人為擴大規模。公司增長的欲望和勁頭，不是來自於上層的壓力，而是來自於下層的自覺。更主要的是，精明的松下對經營狀況非常熟悉，並能清楚正確地總結出各人的貢獻情況，能做到全局的宏觀把握。

松下「玻璃式」經營法的目的何在？他說：「為了使員工能抱著開朗的心情和喜悅的工作態度，我認為採取開放式的經營確實比較理想。開放式經營法的另一重要作用，是喚起和加強員工的責任感，消除他們的依賴心。」在實踐中，松下能強烈感覺到它帶來的正面效果。相對於其他企業的員工，松下的員工都能清楚地看到自己的努力成果，同時也能感受到老闆的誠懇和信任，由此而催生出員工的主人翁意識，提高員工的士氣。

松下說：「開放的內容不只是財務，甚至技術、管理、經營方針和經營實況，都盡量讓公司內的員工瞭解。」我們可以知道，除了在財務方面的公開透明之外，在經營方針、管理、技術等多個方面也都是如此。

明確目標，是松下「玻璃式」經營法的核心內容。松下向來注重向部下和員工說出松下公司的經營目標。公司的最終目標體現在1933年松下公司的那次會議中，即松下「自來水」的經營理念，松下給所有員工做了250年的遠景規劃。所有在場的員工聽完松下的演講後，個個情緒激昂，紛紛表示了對松下公司未來的熱情與信心。可見，這種公開目標是可以喚起員工的責任感和工作熱情的。

公開經營實況，也是「玻璃式」經營法的重要內容。有些經營者，總是把經營實況掩蓋起來，不論好壞，都是如此。松下則不然，好的時候，他把喜訊帶給員工，請大家分享成功的歡樂；壞的時候，他也如實地把所有的一切都講出來，依靠大家的力量共渡難關。可以說，松下所以能一次次度過這樣那樣的難關，能夠在別的公司員工罷工的時候還能獲得員工的請願支持，其個中緣由是和他向員工公開經營實況分不開的。

財務公開，在現代股份公司中，其重要性不言而喻。松下在經營小型私人公司的時候，就全面公開財務，清晰明白地告訴大家賺了多少，多少留作個人所用，多少作為工廠的資本儲存起來。松下電器成為股份公司以後，更是每年公開結算，不僅對內，而且對社會大眾。

「玻璃式」經營法會使領導者的關注重心向員工傾斜。企業大了，「玻璃式」經營法的上下一心、協調一致就會發生困難。對此，松下幸之助用「精神燈塔」來指引員工的方向，增進企業的凝聚力。我們現在經常關注的企業文化，松下公司的做法是和「玻璃式」經營法緊密結合的。為了使員工真正融入企業，與公開透明的經營思想相配合，松下在擴張中形成了一整套對員工的「教育」方式。透過確定公司精神的信條（即松下七大精神），唱《松下社歌》，奏《松下進行曲》等方式，使員工以近乎「洗腦」的虔誠真正融入了公司。

松下從員工進廠開始，就鄭重其事地進行入社教育，朗讀、背誦《松下精神》，熟唱《松下社歌》，學習松下幸之助「語錄」，參觀公司創業史展覽。正式工作後，每天早晨在工作前集體背誦松下精神和歌唱社歌，每個月要在所屬群體進行一次關於公司精神和公司社會責任的公開演講，每年組織一次隆重的送產品（由工廠送到經銷商）儀式，每個松下人都要不斷回答

「我真正想做的是什麼」、「我需要學習什麼」、「我有什麼缺點」等問題。透過這些方式，使員工的自主性和凝聚力得以增強。有人曾經對這種做法產生疑問，松下的回答是：「朝會、唱社歌、朗誦松下七大精神，是松下電器的傳統，必須遵照執行，貫徹到底。事情一旦決定之後，必須堅持到底，不得自己迷失方向，或被他人言行迷惑，否則不會成功。做生意也是一樣，必須貫徹志向。」

松下將「玻璃式」經營法規範到如此程度，因為松下清楚地明白「玻璃式」經營法的深遠意義。實行「玻璃式」經營，可以使經營現狀如同玻璃般透明，經營者與員工都很容易透視其中的優劣情勢，及時糾正錯誤，發揚優異之處。而且，身處透明的工作系統中，每位員工的行為都「暴露」在眾目睽睽下，這樣自然形成一種公眾監督的機制，不僅可以有效約束和規範個人行為，而且可以凸顯榜樣的力量，促進良性競爭，推動員工成長，提高工作效率。此外，「玻璃式」經營還便於領導者查看公司全景，有效管控人與事，清除管理「死角」。

正如松下所說：「企業的經營者應該採取民主作風，不可以讓部下存有依賴上司的心理而盲目服從。每個人都應以自主的精神，在負責的前提下獨立工作。所以，企業家更有義務讓公司職員瞭解經營上的所有實況。總之，我相信一個現代的經營者必須做到『寧可讓每個人都知道，不可讓任何人心存依賴』的認知，才能在同事之間激起一股蓬勃的朝氣，推動整個業務的發展。」

永不絕望的誠懇和毅力，
會改變既定的事實，
化解人的堅定意志。

……松下幸之助……

16「水壩式」經營法

「水壩式經營」的策略是把經營中的剛性變為彈性，預留出適應環境變化的餘地。為了經營上有所發展，在一切方面都應做到留有緩衝的餘地，那種只顧眼前的做法是十分危險的。「水壩式經營」不是靠眼前的利益而獲益的，如果僅僅築起資金、設備水壩並無法在短期內產生利潤。但是採取「水壩式經營」從長遠角度來看則比較可靠，很少出現失敗的結局。

水壩的功用主要在於攔阻和儲存河川的水，透過控制調節，使得河川的水流量在季節或氣候變化的情況下，始終保持在一個穩定的狀態。企業同樣需要類似這種調節公司營運策略的機制。

20世紀60年代，松下訪問美國期間，有一件事情讓他感觸頗深。當時美國有一家製造並銷售乾電池的聯合電石公司，由於松下電器有著同樣的業務，於是松下決定前往拜訪。在聯合電石公司，松下得知該公司乾電池產品的價格是1毛5，讓松下感到吃驚的是，該公司的銷售人員告訴松下說，這些電池早在30年前就賣1毛5。

為了一探究竟，松下來到百貨公司，發現他們的電池果然只賣1毛5，這讓松下感到不可思議。從30年前到現在，這中間經歷了兩次世界大戰，但為什麼聯合電石公司卻在這30年期間，一直沒有改變銷售價格？

乾電池要使用錳、碳等原料，這些原料因美國參加了第二次世界大戰，一定消耗了不少（這些原料是戰爭消耗資源），而且流動一定也很激烈。在這樣一種物資異常變動的情況下，他們生產的電池竟然30年來都維持同一價格，這是很不簡單的。在知道這些後，松下非常好奇，多方打聽下才真正瞭解到其中的精髓。原來聯合電石公司一開始就將設備和原料增加一成或兩成，這樣一來即使經濟上稍有變動，也不至於物品不足，而使物價上漲，那時只要開動增置的那些設備就可以應付了；相反地，如果生產過多，就把設備多停一部分就行了。其功能就如同水壩，根據水流量來進行收或是放。

正是這件事情的啟發，松下思考出了著名的「水壩式經營」策略。在一次商討會上，松下正式提出「水壩式經營」這一概念，他說：「關於行之有效的經營方法，我想在這裡提倡『水壩經營』的方法。為什麼要修水壩呢？是為了不讓河水不創造任何價值地白白流走。如果河流的水量劇增就會變成洪水，帶來巨大災害；而如果遇上乾旱天氣就會造成水量減少。因此，要在河流的適當位置修建水壩，一來調整水流，二來利用水力發電。修建水壩的目的就是珍惜老天賜予的每一滴水，並加以有效利用。這樣既能夠保證安全，又能夠創造價值。經營公司的道理不是一樣的嗎？經營也需要水壩。」

採用水壩式經營法，即使外界形勢有所變化，企業也能保持穩定和發展。基於這樣的觀點，松下在設備、庫存、資金、產品和心理等多個方面都設計了相應的水壩，如：

「設備水壩」。設備水壩要求企業設備應有剩餘，以應對突發事件。生產效能保留一、兩成的能力，是企業應變的基本條件。如果只有當生產設備達到100%的使用率時企業才會贏利，那對該企業來講是非常危險的。倘若必須使用率達100%才能賺錢，那麼當市場需求一旦增加，或在緊急時刻機器出現故障無法運行，這會給公司帶來巨大損失。但是，如果平時即使只使用80%或90%的生產設備，企業也能夠贏利，那麼一旦市場需求量突然增加時，因為設備應有10%到20%之剩餘，企業便可以立即提高生產量，以達到市場的要求。

「庫存水壩」。庫存水壩是指企業應保有適量的產品庫存，這些庫存有兩個作用方向，對內作為生產線出問題時的緩衝，緩解產量減少或生產停滯之急；對外作為市場波動時的緩衝，在市場需求激增時可立即投放市場。

「資金水壩」。新建設項目的實施，同樣需要有緩衝水壩，即資金水壩。假如要進行一個10億日圓的項目，最好能預備11—12億日圓的資金，以備不時之需。如果沒有事先預留資金，當出現突發狀況而籌不出款項時，不但建設者受困，就連當初投入的10億日圓也發揮不了作用。

日本有一段時期內，銀行要求公司把從銀行借貸的一部分資金再存入銀行，許多企業對銀行的這一做法加以指責。松下卻說：「50多年來，我一直是這樣做的，我從銀行借錢的時候，只需借1萬日圓就夠了，可是我多借些，借了2萬日圓，然後把剩餘的1萬日圓錢又原封不動地作為定期存款存入銀行。看起來是賠錢的，但是我卻不那麼認為。我是把它當成保險金。有了這筆保險金，在需要的時候，隨時都可以提出來使用，而且銀行總是十分信任我。」實際上，這也是一種資金水壩的建立方法。

「產品水壩」。產品水壩是指在一個新產品推出時，應立即研製更新的產品，甚至下一個新產品都已研製完成。這要求在一個產品投入生產時甚至在投入生產前，後續新產品的研製就要著手展開。

此外，松下還提出極具建設意義的「心理水壩」。經濟有漲有落，市場瞬息萬變，任何一個企業，經營過程絕不可能一帆風順。所以，從董事長、總經理到基層員工，都應存有憂患意識，要對環境變化有足夠的心理準備，在心理上都要有能承受緊急突發狀況的能力，以不變應萬變，在行動上以變制變，如此才能處變不驚，面對困難才能應付自如。

松下強調的「水壩式經營」是一種「預留退路」的經營方式，這絕非保守的經營方法，相反，這是一種積極的經營策略，為了企業穩定的成長，這也是必需的。為了經營上有所發展，在一切方面都應做到留有緩衝的餘地，那種只顧眼前的做法是十分危險的。「水壩式經營」不是靠眼前的利益而獲益的，如果僅僅築起資金、設備水壩並無法在短期內產生利潤。但是採取「水壩式經營」從長遠角度來看則比較可靠，很少出現失敗的結局。所以企業如果希望長期穩定地發展，就必須築建經營中的「水壩」。

「水壩式經營」的策略是把經營中的剛性變為彈性，預留出適應環境變化的餘地。松下對「水壩式」經營法充滿信心，他說：「我深信，只要能遵照這種方法，隨時做好準備，能寬裕地運用各項資源，那麼企業不論遇到什麼困難，都能長期而穩定地發展。」

永不絕望的誠懇和毅力，
會改變既定的事實，
化解人的堅定意志。

……松下幸之助……

17 人力不是成本，而是資源

在知識經濟時代，人才是企業最重要的資產，也是企業可持續發展最核心的生產力。松下認為，企業經營的基礎是人，「要造物先造人」，如果企業缺少人才，企業就沒有希望可言。可以毫不誇張地說，在競爭激烈的市場環境中，人才決定企業命運。

絕大多數管理人員都完全知道，在所有各種資源中，人力資源被利用得最少，任何一個組織都很少能夠把人的潛力充分挖掘出來並發揮其作用。儘管許多管理者號稱人力是他們的主要資源，但是他們的實際做法並沒有把人力作為一種資源來重視，而是看作問題、程序和成本。松下則不是如此，在他看來，人是企業最重要的資源。

在松下電器公司的一期人事幹部研討會上，松下蒞臨講話並直接發問：「你們在拜訪客戶時，如果對方問你，松下電器是製造什麼產品的公司，你們將如何回答？」業務部的人事科長恭恭敬敬地回答：「我會這樣說：松下電器是製造電器產品的公司。」出人意料的是，松下對這個回答很不滿意，訓斥道：「錯！像你這樣回答是不負責任的！你們整天都在想什麼？」難道松下電器公司不是生產電器產品的嗎？與會者都莫名其妙，遭訓斥的人事科長更是不明白自己錯在哪裡。松下面帶怒色，拍著桌子怒道：「你們這些人都在人事部門任職，難道不懂得培育人才是你們人事幹部最主要的職責嗎？如果有人問松下電器是製造什麼的，你們就要回答松下電器是培育人才的公司，兼做電器產品！經營的基礎是人，對於這一點，我不知說過多少遍。在企業經營上，資金、生產、技術、銷售等固然重要，但人卻是經營的主宰，歸根結底人是最重要的。如果不從培育人才開始，那松下電器還有希望嗎？」

在知識經濟時代，人才是企業最重要的資產，也是企業可持續發展最核心的生產力。松下認為，企業經營的基礎是人，「要造物先造人」，如果企業缺少人才，企業就沒有希望可言。可以毫不誇張地說，在競爭激烈的市場環境中，人才決定企業命運。

松下對於育才、選才、用才，都有自己獨特的一套方式和方法。在松下的眼裡，究竟什麼樣的人符合他的選才標準呢？有人從10個方面總結了松下的選人之道：

1. 不忘初衷而虛心學習的人。所謂初衷，也就是松下公司的經營理念，即創造優質廉價的產品以滿足社會、造福社會。只有抱著這種初衷，才可能謙虛，也只有謙虛才能實現這種使命。

松下在任何時候都很強調這種初衷，可以說，他的謙虛正是為了達成初衷而提出來的。同時，謙虛使人容易發現別人的長處，當然也就能夠順利實行活用人才之道。松下特別指出：處於領導崗位的人，尤其不可沒有謙虛之心。不忘初衷，又能謙虛學習的人，才是企業所需人才的第一要件。

2.與公司榮辱與共的人。不少歐美人，當被問及從事什麼工作時，他的回答總是先說職業，後說公司；而日本人的回答是先說公司，後說職業。松下要求自己的員工保持日本人的這種觀念，要有公司意識，和公司共同進退。

3.不墨守成規而敢於推陳出新的人。松下公司允許員工在按照基本方針行事的基礎上，充分發揮自己的聰明才智，使每一個人都能展現其獨特才能。同時，也要求上司能讓部下自由行事，活用每一個人的才能至其極限。

4.以團隊為重的無私者。松下公司不僅培養個人的實力，而且要求把這種實力充分地運用到團隊上，形成合力。這樣，才能帶來蓬勃的朝氣和良好的效果。

5.對工作隨時充滿熱忱的人。松下認為，人的熱忱是成就一切的前提，事情的成功與否，往往是由做這件事情的決心和熱忱的強弱而決定的。碰到問題，如果擁有非做成功不可的決心和熱忱，困難就會迎刃而解。

6.有正確的價值判斷能力的人。松下的所謂價值判斷，是包括多方面的。大體而言，有對人類的看法、對人生的看法，小到對公司經營理念的看法，對日常工作的看法。松下認為，不能做出正確價值判斷的人，實際上是一群烏合之眾。

7.有自主經營能力的人。松下認為，一個員工只是照上面交代的去做事，以換取一個月的薪水，是不行的。每一個人都必須以預備成為社長的心態去做事。如果這樣做了，在工作上一定會有種種新發現，也會逐漸成長起來。

8.能得體支使上司的人。所謂支使上司，也就是提出自己對所負責工作的建議，並促使上司同意；或者對上司的指令等提出自己的看法，促使上司修正。松下說：「如果公司裡連一個這樣支使上司做事的人也沒有，公司的發展就會成問題；如果有10個能真正支使上司的人，那麼公司就有光明的發展前途；如果有100個人能支使上司，那公司的發展將會更加輝煌。」

9.有責任意識的人。松下要求處在某一職位、某一崗位的幹部或員工，能自覺地意識到自己所擔負的責任。有了自覺的責任意識之後，就會產生積極、圓滿的工作效果。

10.有氣概擔當公司經營重任的人。

儘管在心裡已有確定的選人標準，但真要網羅這些人才還是極為不易的，松下明白，就如同世事多不盡如人意一樣，人也常常讓人感到失望。

社會上有各種各樣的人，各人有各人的脾性，要找到合自己脾性、意氣相投的人是不容易的。經營者必須明白這一點，因此絕對不能採用「順我者昌，逆我者亡」的用人方式。

松下說：「得到和自己意氣相投之人的幫助，當然是件值得欣慰的事；相反的，如遇見觀念作風和自己格格不入的人，也無需懊惱。一般來說，在十個下屬中，總有兩個和我們非常投緣的；六、七個順風轉舵，順從大勢的；當然也難免有一兩個抱著反對態度的。也許有人認為部屬持反對意見，會影響到業務的發展。但在我看來，這是多慮的。適度地容納不同的觀點，反而能促進工作更順利地進行。若十個下屬中有六、七個能和自己意氣相投、共同努力，那是再好不過的了，事實上這是很難達成的願望。不過，對一個經營者來說，除非是自己的經營方式和處事態度太不得體，否則，十個下屬中有六、七個人反對自己的情形應該很少，如碰到這種情形，就要深切反省自己了。在正常的情形下，能有兩三個人配合工作，業務就能推動。可能有人會認為我這種想法太消極，但這些都是我數十年來用人所得到的經驗。」

如今，人才之於企業的重要性，不言而喻，從人才價值的市場就可以看出來。面對人才短缺、一將難求的情形，許多公司必須要想出各種辦法來招徠人才，尤其是中小型企業，人才問題就顯得更為突出。松下電器現在已經是世界性的大企業，求才自然容易一些。但是，其他大的企業畢竟還多，而且人才的總量是有限的。

松下分析了人才市場緊缺的原因。他認為，人的本性是根本原因，因為多數人好吃懶做、好逸惡勞的緣故才導致了這種狀況的出現。如果不明白這個根本原因，人才的問題就無從解決。另一個人才緊缺的原因在於，大家都一味地尋求高尖端人才，大家一擁而上，爭奪搶佔，乃至造成了惡性競爭。對此，松下有不同意見。所以，他招徠人才的第一條訣竅，就是不往高端上擠。松下有一種認知，他認為具有70％才氣的人，往往更能安心工作，發揮才幹，當然也能愉快勝任工作。如此，就大可不必去爭搶那些「一流」人才，這樣，求得人才也自然就容易一些。

要吸引人才還應該有一些吸引人才的條件。一般的經營者往往更注重薪資、福利待遇等等。松下以為，這些固然重要，但在大多數人已經解決了基本要求的前提下，薪水的吸引力已大為降低。這種情況下，最具魅力的因素，已經轉變為能讓員工感到自豪的企業形象，是社會大眾發自內心稱讚的企業口碑。正是基於企業形象重要性的認識，松下指出，假如想雇用合適的人才，就必須使你的企業具有吸引人的魅力。

此外，松下還認為，真正的人才，是可遇不可求的，絕對不是經營者有強烈的愛才、求才的心意就可以辦到的。除了積極求才以外，還要有些「運氣」。但運氣又不全然是客觀的，也要主觀努力去爭取。唯有經營者以最誠懇的態度去不斷訪求，細心去愛才、用才，運氣才會到來。

松下以其獨特的選才理念，使松下公司的麾下聚集了一批相當優秀的人才。在松下看來，這些人才是松下公司最為重要的資源，是松下公司強大競爭力的保證。

永不絕望的誠懇和毅力，
會改變既定的事實，
化解人的堅定意志。

……松下幸之助……

18 人事決策是最根本的管理

一個組織和另一個組織的唯一真正區別就在於人員的成績不同，至於其他的資源都是相同的。管理者的任務在於用心保護和合理調配組織內部的資產。

沒有人才，企業就沒有希望。但是光有人才，而領導者缺乏對人才進行正確調度的能力，企業同樣會走向衰敗。在一個組織中任何一項決策都沒有人事決策更重要。松下認為，人事決策是最根本的管理。因為人決定了企業的績效能力，沒有一個企業能比它的員工做得更好，人所產生的成果決定了整個企業的業績。

沒有任何決策會比人事決策更重要，領導人員花在對員工的管理與做人事決策上的時間，遠甚於花在其他事情上的時間。事實上也理應如此，因為沒有任何決策所造成的影響和後果，會像人事決策如此持久而又難以消滅。

進入知識經濟時代後，人們接受的挑戰已不僅僅是知識經濟、網路技術，而是「以人為本」的現代管理方式。知識經濟時代的核心資源是知識勞動者，組織要發展就必須吸引人才、留住人才。作為管理者，就必須重新認識自己和組織內的成員，設身處地為自己的成員服務，想方設法地激勵自己的成員，盡可能地滿足成員的需要。知識勞動者是企業最重要的資產，這要求企業管理必須有所變革。

松下公司制訂了長期人才培養計畫，開辦了關西地區職工研修所、奈良職工研修所、東京職工研修所、宇都宮職工研修所和海外研修所等八個研修所和一間高等職業學校，供全體員工進修。現在松下公司課長、主任以上的幹部，多數是公司自己培養起來的。松下公司事業部長一級幹部中，多數是有較高學歷、熟悉現代企業管理的，不少人會一門或幾門外語，經常出國考察，有相當的知識優勢。在如何培養與使用人才上，松下幸之助有自己獨到的見解：

1. 注重員工的品德培養。如果員工缺乏應有的品德鍛鍊，就會在商業道義上產生不良的影響。

2. 注重員工的精神教育。松下幸之助力主培養員工的向心力，讓員工瞭解公司的創業動機、傳統、使命和目標。

3. 要培養員工的專業知識和正確的價值判斷。員工如果沒有足夠的專業知識，就不能滿足工作上的需要，人與知識相結合才能擁有強大的力量；沒有統一的價值觀，公司就是一群烏合之眾，員工如果總能依據公司價值觀判斷事務，做事時就能盡量減少失誤。

4.訓練員工的細心。細節往往足以影響大局。如果員工犯一點差錯，就可能招致不可挽回的局面，因此培養員工的細心至關重要。

5.培養員工的競爭意識。無論身處政壇或者商場，都因比較而產生督促自己向上的力量，有競爭意識才能徹底地發揮出潛力。

6.教育的中心是以培養一個人的人格為第一。一個具有良好人格的人，在工作環境條件好時，能夠自我激勵，不斷進步。在形勢不好時，也能承受壓力，以積極的態度度過難關。

7.人才搭配要合理。在用人時，必須考慮員工之間的相互配合，如此才能發揮個人的聰明才智，這是人事管理上的金科玉律。松下幸之助舉例說，有三個能力強、充滿智慧的企業家合資創辦了一家公司，他們分別擔任會長、社長和常務董事的職位。但沒想到三個頂尖人才一起經營卻不斷地虧損，這讓人覺得很不可思議。企業集團的總部研究解決對策，最後的決定是請這家公司的社長離開。不可思議的情況再次發生。在留下的會長和常務董事兩人的齊心努力下，竟然發揮了公司最大的生產力，在短期內就使生產和銷售額都達到原來的兩倍。而那位離開的社長，自從擔任別家公司的會長後，反而更能充分發揮他的經營才能，也做出了不錯的業績。

所以，公司裡不一定每個職位都要選擇精明能幹的人來擔任。如果把十個自認一流的優秀人才集中在一起做事，每個人都有他堅定的主張，那麼事情就無法決斷。但是，如果十個人中只有一兩個特別傑出，其餘的才識平凡，傑出的人負責決策，其餘人真心服從指揮，事情反而可以順利進行。

8.用一個人，就要信任他；不信任他，就不要用他，這樣才能讓下屬全力以赴。用人最重要的技巧就是信任和大膽地委派工作。通常一個受上司信任，能放手做事的人，都會有較高的責任感，會自發地去努力。相反，如果上司不信任下屬，會使下屬覺得他只不過是奉命行事的機器而已，對於交代的任務也不會全力以赴了。領導者如果能培養起信任別人的度量，不但可以提高辦事效率，還可以營造和諧的氛圍。

9.創造能讓員工發揮所長的環境。在日本，越大的機構越不容易發揮效率。公務員和大企業的員工並不是不想好好地幹，而是缺少使他們勤奮工作的環境。身處不能施展才幹的工作氣氛中，容易有「多一事不如少一事」的傾向。企業越大，官僚作風就越濃厚。

大企業往往只能發揮員工70%的能力，中、小企業卻能發揮100%甚至200%的工作效率。因為中小企業的員工如果不努力工作，企業就無法生存。企業無法生存，員工也會受到很大的影響。這是中小企業很大的長處，大企業應該積極地向它們學習，隨時促進組織或制度的專業化，分工的細密等，創造出能充分發揮員工能力的環境。

10.適時地提升員工是最能激勵員工士氣的方法，這也是有助於帶動其他員工努力的方法。提升員工職位，應以員工的才能高低作為職位選定的主要標準，資歷應列為輔助材料。如果確信某個員工有60%的能力，便可試用另一較高的職務。這其中有40%是冒險因素，他不一定能勝任，但被提拔的員工常因公司的信任和支持而努力工作，最終不負眾望，將業務管理得有條不紊。可見，關於職員的職位提升，還不能缺少冒險的勇氣。

對於管理者的實踐，有兩個方面是必須要注意的：首先，要使工作和勞動力承擔起責任和有所成就。由實現工作目標的人員和其上司一起為每一工作制定目標；必須使工作本身富於活力，以便員工能透過工作使自己有所成就。

其次，管理人員必須把和他一起工作的人員看成是他自己的資源。他必須從這些人員中尋求有關他自己的職務的指導。他必須要求這些人員把下述事件看成是自己的責任，就是幫助他們的管理人員能更好、更有效地做好自己的工作。管理人員必須使他的每一個下屬承擔起對上級的責任和做出相應的貢獻。

做到這點的一種方法是使每一個下屬對以下一些簡單問題深入思考並做出回答——「我作為你們的上司所做的事以及公司所做的事中，有些什麼對你們的工作最有幫助」、「我作為你們的上司所做的事以及公司所做的事中，有些什麼對你們的工作最有妨礙」、「你們能做些什麼，使得作為你們的上司的我能為公司工作得最好」。

一個組織和另一個組織的唯一真正區別就在於人員的成績不同，至於其他的資源都是相同的。管理者的任務在於用心保護和合理調配組織內部的資產。

由於松下幸之助長期堅持對人才的培養，最終極大地提高了工作效率，改善了產品及工作品質，使企業獲得了持續快速的增長。也正因為他對人才工作的成功，才使松下公司有今天這樣的成就。

永不絕望的誠懇和毅力，
會改變既定的事實，
化解人的堅定意志。
……松下幸之助……

19 給員工充分信任

松下曾說：「用他，就要信任他；不信任他，就不要用他。」相對於其他企業的員工，松下的員工都能清楚地看到自己的努力成果，同時也能感受到老闆的誠懇和信任。這種對待員工的方式催生出員工的主人翁意識，提高了員工的士氣。

松下在談到用人時，曾說：「用他，就要信任他；不信任他，就不要用他。」松下不僅是這麼說的，也是這麼做的，完全信任員工也是松下「玻璃式經營」的基礎。將財務，甚至技術、管理、經營方針和經營實況全部向員工公開，這一舉動收到了十分正面的效果。相對於其他企業的員工，松下的員工都能清楚地看到自己的努力成果，同時也能感受到老闆的誠懇和信任。這種對待員工的方式催生出員工的主人翁意識，提高了員工的士氣。這便是松下「充分信任」哲學的功效。

松下每次視察企業內部員工工作時，看見員工們表現出的努力，他都會予以高度的肯定，甚至覺得他們好過自己，他時常會說這樣的話來鼓勵員工：「我對這事情沒自信，但我相信你一定能勝任，所以就交給你去辦吧。」當對方聽到這樣的鼓勵時，由於感覺受到重視，不僅樂於接受安排，而且一定會盡全力將事情辦好。

1926年，松下電器公司首先在金澤市設立了營業所。金澤這個地方，松下從來沒有去過，但是經過多方面的考慮，他覺得有必要在那裡成立一個營業所。有能力去主持這個新營業所的高級主管為數不少，但是，為了避免影響到總公司的業務，這些老資格的人卻必須留在總公司工作。

這時候，松下想起了一個年輕的業務員，這個人剛滿20歲。松下認為年輕並不意味著做不好。於是，松下決定派這個年輕的業務員擔任籌備金澤營業所的負責人。松下把他找來，對他說：「這次公司決定在金澤設立一個營業所，我希望你去主持。現在你就去金澤，找個合適的地方，租下房子，設立一個營業所。資金我已準備好，你拿去進行這項工作好了。」

聽了松下這番話，這個年輕的業務員受寵若驚，感覺不可思議。他驚訝地說：「這麼重要的職務，我恐怕不能勝任。我進入公司還不到兩年，等於只是個新來的小職員，也沒有什麼經驗……」他臉上的表情有些不安。可是松下對他有足夠的信任，所以，松下幾乎以命令似的口吻對他說：「沒有你做不到的事，你一定能夠做到的。放心，你可以做到的。」新員工在松下的鼓勵下前去赴任。

事實證明，松下的判斷沒有錯，這個員工一到金澤，就立即開展工作。他每天都把進展情況寫信告訴松下。沒多久，籌備工作就緒，於是松下又從大阪派去兩三個員工，正式開設了這個新的營業所。

給予員工高度的信任，員工就會感受到自己被重視，所產生的責任感和熱忱將會是巨大的，這些都能在高效的工作效率上得以體現。

終身雇傭制是日本企業特別是松下電器的一個顯著特色。松下幸之助「七大精神」裡就包括「同舟共濟精神」，而終身雇傭制正是這種精神的具體體現，它將公司與員工擰成一個同舟共濟的利益共同體。但是，如果人性中的弱點——惰性不被克服的話，這種制度也會成為束縛企業發展的老繭，當然也就背離了松下以保證就業促進員工努力工作的初衷。

松下幸之助對人性有深刻而獨到的理解。從一開始，松下對員工的態度就有別於其他雇主。一般雇主都認為，讓員工瞭解公司的技術方法是危險的，因為員工可能會將這些技術方法洩露給對手。相比之下，松下對員工要信任得多。他不僅認為有知識的員工會做得更好，而且還進一步指出，企業的競爭力就是員工活力與能力的總和。

松下創業的最初階段，所有的工作人員只有松下、松下的妻子以及松下的內弟井植三人。自從開始製造附屬插頭以後，松下的生意越來越好，他們3人每天加夜班做到12點，但仍然無法應付紛至沓來的訂單，於是松下就雇用了四、五個工人。當時，松下的主要工作是壓底盤，井植一天造原料、一天壓附屬插頭，別的職工壓附屬插頭，女工做組合，松下的妻子負責包裝。

松下製造的附屬插頭有創意，實用而且價格低廉，東西暢銷是理所當然的事情。有時松下送貨太慢，客人竟會自己去松下那裡取貨，附屬插頭是非常成功的一件產品。當時的合成原料的製法是一項高級技術，在當時的電氣業界，各工廠都把它列為機密。工作中工廠主人多半會請自己的兄弟或近親負責現場。

可是松下卻認為，把合成原料的製法當作機密技術的話，在製作過程中就得多費些心神，經營上不見得合算。所以松下決定採取開放態度，為了給大家提供方便，任何人都可以在場。所以，剛進松下電器工作的職工也能得到合成原料的製法。這樣做，就比別家更經濟地活用了員工。一位同行出於好心地警告松下說：「松下君，你這樣做是很危險的。你把那樣重要的機密工作教給進來才一天的人，等於把技術公開，這樣一來，等於在製造競爭的同行，你自己要吃虧的。應該要多多考慮啊！」

松下的回答卻是：「我認為不必那麼擔心。只要先告訴他，那是必須保密的工作，就不至於像你擔心的那樣，把情報洩露出去。員工彼此信任，比什麼都重要。我不喜歡為了一件秘密，而做疑心重重的經營。那樣做不但對事業的進展有阻礙，也不符合培養人才之道。我並不是故意亂開放，只要我認為這個人可以信任，就算他是今天才來，我也會讓他知道機密。」

松下一直以這樣的想法經營自己的企業，以致後來形成了松下「玻璃式經營」。看看松下電器的發展與成功，我們就可以看出信任員工的重要性，用松下自己的話說：「在用人上，我覺得比別家圓滿順利。在當時的製造業中，我是進展特別快的。」

永不絕望的誠懇和毅力，
會改變既定的事實，
化解人的堅定意志。
……松下幸之助……

20 管理應該人情化

人情化管理，從細節對員工表示關心與愛護，會激發員工更大的工作熱情，這對於企業的發展來說，無疑是十分重要的。得到關心和愛護，是人的精神需要。它可溝通人們的心靈，增進人們的感情，激勵人們奮發向上，挖掘人們的潛力。

主教大學教授野田一夫評價松下時說：「松下先生是個人情家，又是個合理主義者。我曾問過幾位松下員工被降級的感覺，竟然都一致回答：『這是我自己的錯誤。也幸虧松下先生給我重新再起的機會。』這不單可看出他的處罰能令員工心服口服，他不埋怨、不推卸責任、懂得感恩的精神，也感染了員工。」

在對待員工方面，松下是非常具有人情味的。松下認為，企業管理者首先要平等地對待員工，不要把他們當作雇員，而要把他們當作同事、助手。管理者的事業離不開員工的努力，因為，每一個成就之中都包含著員工的汗水與心血。

松下幸之助說：「當我看見員工們同心協力地朝著目標奮進，不禁感慨萬分。」所以，他提出並宣導社長「替員工端上一杯茶」的精神。在松下看來，社長並不是高高在上，站在員工背後推動他們前進的人。社長若有了這種溫和謙虛的心胸，一旦看見負責盡職的員工，自然會滿懷感激地說：「真是太辛苦你了，請來喝杯茶吧！」

松下關心和愛護員工，並以此來激發員工為企業而奮發的鬥志。從細節上關心、愛護員工，這樣會使員工更加認真地工作，松下之所以能有今天的成就，這一切都離不開細節的管理。給員工端上一杯茶，給員工捎上一份生日禮物等，從生活中的每一個細節來關心、體貼員工，都會產生潤物細無聲的神奇效果。

從細節之處關心、愛護員工，會激發員工更大的工作熱情，這對於企業的發展來說，無疑是十分重要的。得到關心和愛護，是人的精神需要。它可溝通人們的心靈，增進人們的感情，激勵人們奮發向上，挖掘人們的潛力。作為企業管理者，對全體員工應關懷備至，為員工創造一個和睦、友愛、溫馨的環境。員工生活在團結友愛的集體裡，相互關心、理解、尊重，會產生興奮、愉快的感情，有利於開展工作。相反，如果員工生活在冷漠的環境裡，就會產生孤獨感和壓抑感，情緒會低落，積極性會受挫。

松下公司基本上沒有裁員的歷史，即使是在經濟最不景氣的情況下，松下也沒有裁員，松下推行員工終身雇傭制。這體現了對人的尊重和關懷，員工備受公司尊重，當然會熱愛自己的公司。松下認為，要為顧客服務，必須先為自己公司的員工服務，如果連自己人都不滿意，談何服務顧客呢？談何優秀服務呢？松下電器公司因此給員工提供了很多精神和物質上的滿足。

松下幸之助的「玻璃式經營」就是對員工的一種尊重與信任，它能讓員工感覺自己確確實實是公司的一員，他們把公司的事業看成是「自己的事業」，從而激發了一股蓬勃的朝氣。松下幸之助說：「為了使員工能有開朗的心情和好的工作態度，我認為採取開放式的經營確實比較理想。」集思廣益，全員經營，是松下電器公司一貫遵循的原則，這也巧妙地使員工們對公司產生親切感，營造出一種命運與共的氛圍，員工們都積極參與提供合理化建議活動。全公司沒有上下的區別，誰想到了好主意，就提出來，共同經營松下公司。松下公司的一位管理者說：「我們的職工隨時隨地——在家裡、在火車上，甚至在洗手間裡——都在思索提案。」松下說：「如果職工無拘無束地向科長提出各種建議，那就等於科長完成了自己的一半，或者是一大半；反之，如果造成唯命是從的局面，那只有使公司走向衰敗。」

對於職工提出的合理化建議，有的表揚，有的獎勵，貢獻大的給予重賞。凡未被採用者，提案發還本人，說明未被採用的原因，這樣，他們也能獲得成長。松下公司還在這項活動中，發現、選拔人才。松下幸之助起用山下俊彥就是一個典型例子，山下俊彥原是一名普通雇員，但他對公司內部因循守舊等弊端看得很準，提出了很好的改革建議。松下幸之助認為他是松下家庭中少有的傑出人員，於是松下不計門戶出身，力排眾議，破格起用山下俊彥擔任總經理。山下俊彥上任六年，公司利潤增加了近一倍。

松下經常問他的下屬管理人員，「說說看，你對這件事是怎麼考慮的？」「要是你做的話，你會怎麼辦？」一些年輕的管理人員，起初還不太願意說，但當他們發現董事長非常尊重自己，認真地傾聽自己的講話，而且常常拿筆記下自己的建議時，他們就開始認真發表自己的見解了。由於聽的人既表示了對說話人的尊重，又不走形式、毫不馬虎地專注傾聽，回答的人就會十分認真地暢所欲言。這是一場比認真的競賽，對於下級管理人員迅速掌握經營的秘訣，是大有裨益的。

此外，松下幸之助一有時間就要到工廠去轉轉，一方面便於發現問題，另一方面有利於聽取一線工人的意見和建議。這其中，他認為後一點更為重要。每當他走在工廠中，工人向他反映意見時，不管對方有多囉唆，也不管自己有多忙，他總是認真地傾聽，不住地點頭，不時對贊成的意見表示肯定。他總是說：「不管誰的話，總有一兩句是正確可取的。」

在物質方面，松下致力於不斷提高職工的工資收入。1951年，松下到美國學習經營理念和發展方式。當他得知通用電氣的員工工資水準時，很是吃驚。在當時，通用電氣生產的標準收音機在商場售價為24美元，工人只要工作兩天就可以買一台；而松下電器的工人需要工作一個半月才能買一台。他決心提高松下公司的生產效率，進而提高員工的工資水準。1971年，經過不懈努力，松下電器的工資趕上了號稱歐洲工資最高的德國，大大縮短了與美國的距離。松下幸之助還說：「既然雇用員工為自己工作，就應在待遇、福利方面制定合理的制度——這是理所當然的用人基本法則。」他制定的「職工擁有住房制度」規定了「35歲能夠有自己的房子」；松下幸之助還將兩億日圓私人財產贈給職工設立福利基金；松下公司實行支付給死亡職工家屬年金的「遺族育英制度」等。

松下公司的經營額從二次大戰後至今，增加了四千多倍，這與物質和精神的雙重激勵是分不開的，它們「產生著無法想像的偉大力量」。在充滿人情味的管理下，松下的員工始終都擁有一種歸屬感。

永不絕望的誠懇和毅力，
會改變既定的事實，
化解人的堅定意志。

……松下幸之助……

21 銷售服務是品質競爭的關鍵

在產品普及率大抵相同的情況下，售後服務就成了影響產品競爭的關鍵。松下表示，在任何場合，都應在服務的範圍內做買賣。如果對於銷售的產品無法做完全的服務，這時就應該考慮把銷售的範圍縮小。

1965年，日本電視機的普及率已超過90％，洗衣機達到70％，電冰箱接近60％，三大家電已成了民生必需品，在這種十分普及的情況下，售後服務就成了影響產品競爭的關鍵。松下電器為謀求徹底的售後服務，一方面將1954年實施的產品審查制度進一步充實；另一方面，1960年加強品質聯絡員制度，這個制度是在經銷商協助之下，組織全國性的品質聯絡網，將產品售後發生故障或使用上的問題轉告有關事業部門予以改善，把售出前的審查和售出後的聯絡打成一片，對於產品改良和品質提升都很有幫助。

為了提高服務品質，松下員工總是一副「洗耳恭聽」的恭謹態度，他們認真聽取顧客反映的情況，並盡力予以滿足。這種「洗耳恭聽」活動的實施，不但提高了服務品質，而且還有令人驚喜的新發現。松下電器公司的管理者發現，幾乎所有新產品概念有50％以上來自於使用者。

在日本電熨斗生產領域，松下電器公司的電熨斗事業部很有威信，到了20世紀80年代，隨著電器市場高度飽和，電熨斗也進入了滯銷的行列。事業部的科研人員心急如焚。一天，被人稱為「電熨斗博士」的事業部長岩見憲一召集了幾十名年齡不同的家庭主婦，讓她們不客氣地對松下公司的電熨斗挑毛病。

一位婦女抱怨說：「電熨斗若沒有電線就方便多了。」

「妙！無線電熨斗。」松下公司的負責人興奮地叫了起來。事業部馬上成立了攻關小組。起初他們想用蓄電的辦法取消電線，但是，研製出來的蒸汽電熨斗底厚5公分，重量達5千克，婦女用起來簡直像舉鉛球。為了解決這一難題，攻關小組將主婦們用電熨斗熨衣服的過程拍成錄影片，分析研究其運用規律。

在研究錄影的過程中他們發現，婦女並非總拿著電熨斗熨衣服，而是多次把電熨斗豎在一邊，調整好衣服後再熨。於是攻關小組修正了蓄電方法，他們設計了一種蓄電槽，每次熨衣服後可將電熨斗放入槽內蓄電，8秒鐘即可蓄足電，電熨斗的重量也大大減輕了。蓄電槽裝有自動繼電器，十分安全。

這樣，新型無線電熨斗就誕生了，成為當年最搶手的暢銷產品。

松下一向認為：「正當的宣傳是一件善行，愈是良好的產品，企業愈有義務讓人們知道。」顧客購買產品總希望買到稱心如意的商品，稱心不僅來自產品本身品質，也來自產品銷售者的服務品質和服務態度。「自來水哲學」講的是產品的生產，松下幸之助對產品的銷售服務同樣重視，這是松下電器「顧客至上」的應有之義。

對於「廠價銷售」、「讓利銷售」、「有獎銷售」、「配送銷售」、「降價銷售」等形形色色的促銷法，松下不太重視，他認為這些都是促銷法的皮毛、枝節，根本的問題在於服務。顧客希望買到優質的產品，並在購買的時候受到熱情的接待，在售後能獲得周到的服務，這才是企業經營要注意的重點。松下說：「在任何場合，都應在服務的範圍內做買賣。如果對於銷售的產品無法做完全的服務，這時就應該考慮把銷售的範圍縮小。」他對服務的重視由此可見一斑。

松下集多年來的經營經驗，總結出的許多條經營秘訣中，其中有16條是在講服務品質：

1. 不可一直盯著顧客，糾纏不休，要讓他們輕鬆自在地盡興逛店，否則顧客會被趕走。

2. 能否把顧客看成自己的親人，決定了商品的興衰。只有把顧客當成自家人，將心比心，才會得到顧客的好感和支持。因此，要誠懇地去瞭解顧客的需求。

3. 銷售前的奉承，不如事後的服務。生意的成敗，取決於能否使新顧客成為常客。而要做到這樣，就得看是否有完美的售後服務了。

4. 要把顧客的所有責備當成神佛的呵護，傾聽顧客意見後立即著手改進，這是做好生意絕對必要的條件。

5. 只花一日圓的顧客，比花一百日圓的顧客，對生意興隆更具有根本影響力。小顧客是多數，對他們的熱情接待可以給商店帶來源源不斷的生意。

6. 不是賣顧客喜歡的東西而是賣對顧客有用的東西，這樣是真心為顧客著想，當然，也要尊重顧客的嗜好。

7. 無論發生什麼情況，都不要對顧客擺出不高興的臉孔，這是商人的基本態度。切記遇到顧客前來退換貨品時，態度要比出售時還要和氣，這樣才能換來顧客的滿意。

8. 當著顧客的面斥責店員，或夫妻吵架，這同樣是對顧客的不禮貌。

9. 廣告是把商品情報正確、快速地提供給顧客的方法。因此宣傳好商品和出售好商品一樣，是件善事。為好商品打廣告也是企業對顧客應盡的義務。

10.即使贈品是一張紙，顧客也會高興的。如果沒有贈品，就贈送「笑容」。贈品送久了會失去新鮮感，但笑容是魅力長存的。

11.要不時創新、美化商品的陳列，這是吸引顧客登門的一個秘訣。

12.商品賣完缺貨，等於是怠慢顧客，這時理應道歉，並留下顧客的地址，說「我們會儘快補寄到府上」。但漠視這種補救行動的商店特別多。平日是否注意累積這種能力，會使經營成果有極大的差距。

13.要節約生產經營的成本，爭取低價。對殺價顧客就減價，對不講價的顧客就高價出售，這種行為對顧客是極不公平的。對所有顧客都應統一價格。

14.孩子是「福神」，先照顧好跟隨來的小孩使顧客心裡舒服，是永遠有效的經商手法。

15.商店應該營造顧客能輕鬆愉快進出的氣氛。敞開商店的大門，並且精神飽滿地工作，使店裡充滿生氣和活力，顧客自然會聚攏過來。

16.要得到顧客的真心讚美：「只要是這家店賣的，就是好的。」商店如人，也有自己獨特的面孔，因為信任那張臉、喜愛那張臉，人們才會去光臨。

如今，服務品質已是產品品質的一部分，真正能做到「顧客至上」的企業，其銷售景象自然會是門庭若市。

永不絕望的誠懇和毅力，
會改變既定的事實，
化解人的堅定意志。

……松下幸之助……

22 分清大事和小事

在處理事情時，一定要保持思路清晰，善於分清主次，然後再利用自身現有的條件將問題漂亮地解決掉。該做的沒做好，不該做的全被打亂了，直接導致事情變得愈來愈複雜，時間愈來愈不夠用。

在處理事情時，一定要保持思路清晰，善於分清主次，然後再利用自身現有的條件將問題漂亮地解決掉。該做的沒做好，不該做的全被打亂了，直接導致事情變得愈來愈複雜，時間愈來愈不夠用。很多有能力的人失敗是因為他們找不到重點突破口，一直糾纏於枝微末節之中以致毫無建樹。

松下公司對員工的這種能力非常重視，因為這是影響工作效率的重要因素。在錄用新職員的一次面試中，松下公司體現了對此的重視。

有一年，松下公司要招聘一名高級女職員，一時應聘者如雲。經過一番激烈的比拚，山川秀子、原亞紀子、宮崎慧子3人脫穎而出，成為進入最後階段的候選人。三個人都是明星大學的高才生，條件不相上下，競爭到了白熱化程度。她們都在小心翼翼地做著準備，力爭使自己成為「笑到最後」的勝利者。

這天早上8點，三人準時來到公司人事部。人事部長給她們每人發了一套白色制服和一只精緻的黑色公事包，說：「三位小姐，請你們換上公司的制服，帶上公事包，到總經理室參加面試。這是你們最後一輪考試，考試的結果將直接決定你們的去留。」

三位美女脫下精心搭配的外衣，穿上那套白色的制服。人事部長又說：「我要提醒你們的是，第一，總經理是個非常注重儀表的先生，而你們所穿的制服上都有一小塊黑色的污點。毫無疑問，當你們出現在總經理面前時，必須是一個著裝整潔的人，怎樣對付那個小污點，就是你們的考題；第二，總經理接見你們的時間是8點15分，也就是說，10分鐘以後，你們必須準時趕到總經理室，總經理是不會聘用一個不守時的職員的。好了，考試開始了。」

三個人立即行動起來。山川秀子用手反覆去擦那塊污點，反而把污點越弄越大，白色制服最終被弄得慘不忍睹。山川秀子緊張起來，紅著臉央求人事部長能否給她再換一套制服，沒想到，人事部長抱歉地說：「絕對不可以，而且，我認為，你沒有必要到總經理室去面試了。」

山川秀子一下子愣住了，當她知道自己已經被取消了競爭資格後，失望地離開了。

與此同時，原亞紀子已經飛奔到洗手間，她擰開水龍頭，撩起自來水開始清洗那塊污點。很快，污點沒有了，可是麻煩也來了，制服的前襟處被浸濕了一大片，緊緊貼在身上。於是，原亞紀子快步移到烘乾器前，打開烘乾器，對著那塊浸濕處烘烤著。烤了一會兒，她突然想起約定的時間，抬起手腕看錶：糟了，馬上就到約定時間了。於是，原亞紀子顧不得把衣服徹底烘乾，趕緊往總經理室跑。趕到總經理室門前，原亞紀子一看錶，8點15分，還沒遲到。更讓她感到慶幸的是，白色制服上的濕潤處已經不再那麼明顯了，要不仔細分辨，根本看不出曾經洗過。何況堂堂大公司總經理，怎麼會死盯著一個女孩的胸部看呢？

原亞紀子正準備敲門進屋，門卻開了，宮崎慧子大步走出來。原亞紀子看見，宮崎慧子的白色制服上，那塊污跡仍然醒目地躺在那裡。原亞紀子的心裡踏實了，她自信地走進辦公室，得體地說聲：「總經理好。」

總經理坐在辦公桌後面，微笑地看著原亞紀子白色制服上濕潤的那個部位，好像在「分辨」著什麼。原亞紀子有點不自在。

這時，總經理說話了：「原亞紀子小姐，如果我沒有看錯的話，你的白色制服上有塊地方被水浸濕了。」原亞紀子點了點頭。「是清洗那塊污漬所致嗎？」總經理問。原亞紀子疑惑地看著總經理，點了點頭。總經理看出原亞紀子的疑惑，淺笑一聲道：「污點是我抹上去的，也是我出的考題。在這輪考試中，宮崎慧子是勝者，也就是說，公司最終決定錄用宮崎慧子。」

原亞紀子感到愕然：「總經理先生，這不公平。據我所知，您是一位見不得污點的先生。但我看見，宮崎慧子的白色制服上，那塊污點仍然清晰可見。」

「問題的關鍵是，宮崎慧子小姐沒有讓我發現她制服上的污點。從她走進我的辦公室，那只黑色公事包就一直優雅地橫在她的前襟上，她沒有讓我看見那塊污點。」總經理說。

原亞紀子說：「總經理先生，我還是不明白，您為什麼選擇了宮崎慧子而淘汰了我呢？我準時到達您的辦公室，也清除了制服上的污點，而宮崎慧子只不過耍了個小聰明，用皮包遮住了污點。應該說，我和宮崎慧子打了個平手。」

「不。」總經理果斷地說：「勝者確實是宮崎慧子，因為她在處理事情時，思路清晰，善於分清主次，善於利用手中現有的條件，她把問題解決得從容而漂亮。而你，雖然也解決了問題，但你卻是在手忙腳亂中完成的，你沒有充分利用你現有的條件。其實，那只公事包就是我們解決問題的槓桿，而你卻將它棄之一旁。如果我沒猜錯的話，你的『槓桿』忘在洗手間裡了吧？」原亞紀子終於信服地點了點頭。

總經理又微笑著說：「如果我沒猜錯的話，宮崎慧子小姐現在在洗手間裡，正清洗她前襟處的污點呢。」

在行動之前一定要深思熟慮，分清事物的主次，然後再做出一個合理的安排，否則，如果莽撞行事的話，事情只會弄得一團糟。那些有成就的人都已經培養出一種習慣，就是找出並設法控制那些最能影響他們工作的重要因素。能找到重要的因素，事情就輕鬆得多。

永不絕望的誠懇和毅力，
會改變既定的事實，
化解人的堅定意志。

……松下幸之助……

23 儲存信譽就是儲存資金

我做過很多事，不過我敢說，我一向都根據事實，憑良心說話。也許正因為這樣，一般來說，我很少遭到反抗，即使與工會之間的問題，在緊急之時，也能獲得諒解。我想，這都是由於我隨時講實話，誠實做事，才獲得了大家的支持。

在唯利是圖的商業世界，到處充滿心機和詭計，似乎只有用狡詐的手段才能從中獲利。松下對此予以否定，他說：「經營絕不是魔術或權術。我覺得，經營就是不欺騙別人，正正當當地做事，因而獲得別人的信賴。」

獲得別人的信賴，建立良好的信譽。這種觀念在他還是當學徒的時候就已經根深蒂固了。在大阪當學徒時，他發現大阪商界對招牌非常重視。當時的五代自行車店，就處在船場一帶，雖說不是老字號，但也是有好評的招牌，因此松下對招牌的體驗就更為深刻了。松下逐漸認識到，招牌，代表著特色，更代表著信譽。所以，在松下後來的經營實踐中，繼承了大阪船場商人的傳統，視信譽如同生命。在處理許多事情的時候，寧可有別的什麼損失，也不做一絲一毫有損信譽或可能影響信譽的事情。

大戰期間，針對業界粗製濫造的現象，松下立即把關產品品質。他督促員工，不能因為謀取利潤而做出有損松下電器信譽的事。為此，松下在1940年8月倡導開展「優質產品製造總動員」運動，幹部員工秉承松下電器一向的原則，生產優良產品。

在動員會上，松下指出：「不論製造部門或銷售部門均應以消費者的需要為標準，生產物美價廉的優良產品，不僅製造上，就是市場銷售方面，也要切實注意我們的服務能否使消費者滿意，還有哪些地方做得不夠周到。」

1941年1月，松下又以總經理的名義發出「第47號通知」，對全體幹部員工強調信用的重要性，並要求嚴加遵行。通知說：「信用至為重要，生意人更是不可或缺。至於我們製造廠家若想獲得他人信任，務求在任何方面都能迎合消費者的需要，滿足他們的需求。須常記『顧客第一，信用至上』之信條，絕不生產或銷售粗劣貨品。此一原則，務須嚴加遵守，永久奉行。製造或銷售粗劣產品，必然招致信用的損失，並將危及企業的生命，不可不慎！前此曾倡導全體生產優良產品，用意即在於此。自今日起，我們務須奉行，付諸實踐。今後假使任何部門違背上述宗旨，由於貨品之粗劣而影響本公司的信譽，其部門主管需承擔全部責任。責任重大，敬希特別注意。」

接著在1942年10月，松下再次發出通報，其中有5點是關於產品品質方面的：

1.製品要注意品味、雅致以及足料，以使消費者喜愛，此為最基本信念；

2.不可為了謀利，而在產品的材料、工藝及外觀等方面有所忽略，導致粗劣產品；

3.應關心業界情況和市場動態，並將同業產品與本公司產品比較優劣；

4.雖然原材料統制加強，資源匱乏，但絕不允許出現偷工減料之劣品；

5.國際牌商品信譽卓著，為優良品的象徵，務請念及此點，製作完美產品。

松下對產品品質的把關，對企業信譽的維護可謂用心良苦。他說：「一開始就堅持名副其實的信用，等於是自己儲備了龐大的資金。」他清楚，信譽就是企業的生命，所以在有關信譽方面的事宜，松下都表現得極為謹慎。

隨著松下電器的經營情況日進佳境，松下打算建設新工廠來擴大規模。但是當時資金有限，松下還差十五萬日圓，所以松下首先想到了向銀行借貸。松下找到銀行負責人竹田氏，把當時的生產狀態、銷售狀況以及資金的回收情形詳細地向對方說明。竹田氏聽完後說：「很好。金額相當大，本來需要保證人的，因為你們是信用很好的老主顧，所以免了。不過，我得跟本行商量，請稍等兩三天。我很信任你的作風，十五萬日圓是不少的金額，我願意盡力幫忙。」

兩三天後，松下得到的答覆是：「我們同意借十五萬日圓給你。這個金額如果全部沒有抵押，恐怕有困難。十五萬日圓的貸款，至少也要二十萬日圓以上的抵押品。我想你們可能沒有適當的抵押品，所以請你把這一次要買的土地和建築物做抵押好了。我們銀行是不歡迎不動產的，對松下先生特別優待，不夠的部分，用信用貸款通融。不過，我們不能做長期貸款。最遲在兩年以內必須還清。你有沒有把握呢？」這已經是很優待的做法了，但是松下還是感到有些為難。松下認為，用信譽作抵押對松下電器有不良的影響，於是進一步要求無條件貸款。竹田氏似乎很信任松下，立即答應松下他會盡量幫忙。結果幾天之後，松下得到了無條件貸款，這讓業界大為震驚。當大家明白松下的信譽，自然也就明白了他不用抵押也能貸款的原因了。

擁有一個良好的信譽，好處是非常多的。松下曾表示說：「向別人請託某一事情，說服工作往往是很困難的。大多數人都不會痛快地答應，找出種種理由來搪塞，或是故意提出一些苛刻的條件婉拒。被請求的一方，當然可能有他們的苦衷，而有的則並非如此。如果你的信譽夠好的話，你通常很少會遭到拒絕。」

住友銀行某營業所的職員希望與松下公司建立業務往來，幾次請求希望松下能與其合作，說是珍視松下電器的信譽。松下正是抓住了這一點，讓住友給了在建立關係前就貸款兩億日圓的允諾，從而在後來的一次世界性經濟恐慌中得以生存下來。

松下電器要接手一家新公司，松下委派屬下前去洽談。但屬下既沒有帶資金，又沒帶訂單。當那家工廠的工會負責人責問他們兩手空空時，他們只一句「我是代表松下先生來的」就解決了問題。類似這種情況經常出現，對方的答覆也經常是這樣的話「要是松下先生的話，那就另當別論了」、「只要是松下，當然可以」。

松下說：「我做過很多事，不過我敢說，我一向都根據事實，憑良心說話。也許正因為這樣，一般來說，我很少遭到反抗，即使與工會之間的問題，在緊急之時，也能獲得諒解。我想，這都是由於我隨時講實話，誠實做事，才獲得了大家的支持。」良好的信譽對松下的事業起著積極的影響。

永不絕望的誠懇和毅力，
會改變既定的事實，
化解人的堅定意志。

……松下幸之助……

24 隨時反省，才能領悟經營要訣

不論國家或個人，沒有反省就沒有進步。同樣的道理，沒有反省的公司，也會停滯不前。從這個意義上說，進步是從反省中誕生的。不能因為業績上升，就認定昨天和以前的做法是對的。一定要知道，今天的做法並不能得到滿分，一定還有值得改進的地方，然後每個人都以一百分為目標去努力。即使做不到，也要經常保持這種反省的態度。

在松下電器創業50周年的集會上，松下與石山四郎有這樣一段對話。

石山：今年5月5日舉行了慶祝創業50周年的集會，請問你對於邁進創業第50年有什麼感想？

松下：我覺得50年在一剎那就過去了。今年5月5日雖然是第50屆社慶，但實際上創業才滿49年，明年才滿50年。因此，今年這一年可以說是檢討過去50年的時候，我希望在明年5月

5日以前的這短暫的一年間，徹底反省過去的行為，然後公開發表下一個50年的經營計畫。

石山：反省？

松下：回顧過去50年，我覺得有許多值得反省的地方。有許多事情現在回想起來，教人總是有「這事不應該做才對」或者「這事怎麼沒有做到」的感覺。

石山：依我們的看法，好像並沒有這樣的事情呀！

松下：雖然從表面看一切順利，但確實有些事我自己覺得不對，或者站在公司的立場上也是應該反省的。如果仔細想想，這種事實在為數不少。

石山：創業50年以後，你自己認為可以給松下電器公司的成就打幾分？

松下：差不多85分吧。

石山：還差15分嗎？

松下：是的。不過，凡事都不可能十全十美，我想能達到90分的標準就不錯了。

松下認為，不論國家或個人，沒有反省就沒有進步。同樣的道理，沒有反省的公司，也會停滯不前。從這個意義上說，進步是從反省中誕生的。不能因為業績上升，就認定昨天和以前的做法是對的。一定要知道，今天的做法並不能得到滿分，一定還有值得改進的地方，然後每個人都以100分為目標去努力。即使做不到，也要經常保持這種反省的態度。

朝鮮戰爭後，日本經濟以驚人的速度發展，引起全世界的矚目。但在1964年的奧運熱潮過後，日本經濟開始下滑。由於經濟過度發展，造成經濟過熱，因此不得不加強金融緊縮，工商界面臨自朝鮮戰爭以來最大的一次經濟退縮。

早在1961年，松下就對這種情況有所警覺。他明白，因為日本經濟的繁榮，在很大程度上，是得益於美國的援助以及朝鮮戰爭的特殊需求。在這種依賴性的經濟背景下，日本產業界繼續擴大生產規模，實際上已經超出了自身負荷的能力範圍，貸款和設備過剩就會導致企業體質弱化，一旦金融緊縮，立刻會有經營困難之虞。就此，松下提出警告，呼籲日本工商業切勿陶醉在表面上的高度成長，必須早日鞏固基礎，防患於未然。

為了配合貿易自由化，產業界固然需要完成設備現代化，然而，經濟發展不平衡，物價上漲，國家競爭力也由強轉弱。在這種情況下，如果繼續持貿易自由化的做法，勢必導致自身在外國廠商的競爭與輸出中一蹶不振，使得本國產業界遭受重大損失。

在此之前，日本電器界每年以30％的速度高度發展，但自1961年後，發展速度逐漸低落，金融緊縮，遂使設備過剩的問題日趨尖銳。在1963年經營方針座談會上，松下就企業體質的改善問題發表了看法，他呼籲全體員工將松下電器培育成「世界上一流健康的優良公司」。松下做出的一些改善措施，收到了明顯的正面效果。在當時經濟整體下滑的氛圍下，電器界的成長降到10％以下，松下電器卻憑著全體員工的努力，奇蹟似的達到18％，並創造了突破二千億日圓的年銷售成績。

1964年後，情況進一步惡化。銷售公司、代銷商陷入赤字經營的激增到170家之多，只剩20多家還算生意順利，略有盈餘。松下召集幹部以及全國各地的代理店、經銷商，在熱海舉行為期三天的懇談會。各經銷商及代理店眾口一詞，他們抱怨時下經營艱苦，對松下電器的產品及銷售方案，也提出許多意見。有人責怪說松下的產品已經沒有特色了，還有人指責松下的職員作風官僚化，也有人抱怨他們常常被迫進貨……

松下在臺上整整站了13個小時，傾聽來自各方的怨言。其中有一人的話讓松下印象深刻，他說：「我的店從父親那一代開始，就和松下來往。如今我們雖然認真地做買賣，卻不再賺錢了。松下有利可圖，我們卻沒錢賺，這究竟是怎麼回事啊？」聽到這番話，松下心裡頗為難過。

松下解釋說：「經銷商應該是獨立自主的經營體，必須主動去努力，才能增加收益。如果一味地依賴松下電器，情況當然得不到改善。然而，經銷商和松下電器雖然是不同的經營主體，但卻是共存共榮、密切結合的合作對象，經銷商不賺錢，就等於松下電器不賺錢，不可以棄大家而不顧。導致這種情況的原因，固然由於日本經濟衰退，但大家多年來經營順利產生的安逸感，也是一個原因。」當然松下不會只是責備經銷商的依賴心理，同時，松下進行了一番自我反省，松下幸之助意識到松下電器必須立即進行改革，才能解除眼前的危機。

會議結束後，松下當即宣佈接替因病休職的營業總部部長，著手解決問題。松下考慮到，經銷商制度是合乎時代要求的制度，如能正常經營，一定能確保合理的利益。但是在當時情況，存在銷售死角，即有些地方尚未設立經銷商；而已設有的經銷商，常被營業所強迫買下產品，失去自主的銷售意願。當市場情況好的時候，營業所只例行公事地給經銷商分發貨品，缺乏積極開發的意願；而經銷商則被動接受，而不是主動批購，因而形成了一種怠惰的買賣方式。為了摒棄依賴心理，養成獨立打開困境的習慣，消除赤字經營，松下決定改變銷售體制，新的銷售體制主要有以下三點：

第一，廣設經銷商，消滅銷售死角，充實全國銷售網。

第二，加強事業部自主責任，為了使經銷商主動開展活動，改為「事業部直銷制」，營業所只負責輔導工作及收款業務。

第三，分期付款業務移轉給一般經銷商，營業所從事徵信及收款業務。

此一新體制的目的在於發揮銷售活動的自主性，並謀求提高經銷商的收益。而對於松下電器內部，此新體制也能產生強化事業部自主責任的作用，能促使松下電器進行自我反省：有沒有產生安逸的想法？有沒有向經銷商強迫分配產品？對客戶有沒有不親切或迴避責任的言行？是否忘了自己是生意人？是否因為業務擴大，失去了自主性和機動性？

為了新制度的成功實施，即使是犧牲松下電器三年的利益為代價，松下也在所不惜。因此他再三與經銷商、代理店磋商，希望求得他們的理解和信任。起初大家紛紛反對，松下便從各個角度闡明利害關係，企圖說服他們，最後他們終於滿意地接受合作。對此松下並不是要求他們盲目贊成，他一再重申提出反對意見或者是疑問有助於大家精誠團結並進行反省思考，如此新合作才能得到更好的發展。松下說：「我並不希望大家存著為松下抬轎子的心理，好像對我說：『松下加油！』並且高舉雙手幫我的忙：『因為他那麼熱心，所以不要反對他算了』，這樣的盲目贊成，對事情有害無利。既然贊成，那麼你們就應當伸出雙手，共同攜手好好去幹，如果沒有做到這些，那就算不上是真正的贊成。」

對於松下表現出的誠懇態度，大阪1200家經銷店老闆備受感動，紛紛接受松下的建議。於是在此新體制下，松下與眾多經銷商攜手全力以赴。自1965年3月起，松下電器決定全力推出能使消費大眾滿意的「暢銷產品」，以促進新體制的成功。松下電器相繼開發出多種暢銷品，各事業部在4月間，推出「黃金系列」型電視機，傢俱型音響「飛鳥」、「宴」和手提收音機「先鋒七號」、「先鋒八號」、手提音響「比克比」及家用閉路電視、小型電子爐、吸塵器「強力海克林」等品質優良的新產品，新產品面市的密度之大、效率之高令人咋舌。

1966年1月10日的經營發表會上，松下勉勵大家進一步推動新銷售制度，並致力使經營體制健全化，他說：「所謂景氣不景氣，本來是人製造出來的，因此我們要主動地製造景氣，克服不景氣。」

1966年11月，日本國內382家經銷商合贈一座「天馬行空像」給松下，這是為了紀念松下在1965年榮獲日本天皇頒授的「二等旭日重光勳章」。在此新銷售體制贏得成功之際，「天馬行空像」被松下置於總社前廣場，象徵著「向明日飛躍」。

當公司出現經營問題時，松下總是嘆道：「啊，我的公司還是不行啊！」並進行自我反省，這便是松下率直觀察事物的結果。像這樣，松下就在反省與總結中一步步強大起來，最後取得輝煌成就，正如他自己所說：「經營者除了具備學識、品德外，還要全心投入，隨時反省，才能領悟經營要訣，結出美好的果實。」

永不絕望的誠懇和毅力，
會改變既定的事實，
化解人的堅定意志。

……松下幸之助……

附：松下幸之助語錄

1. 我們把一流的人才留下來經商，讓二流人才到政界去發展。

2. 智慧、時間、誠意都是企業的另一種投資。不懂這個道理的人，就不是真正的公司從業員。

3. 如果你堅持要上二樓，就會想到搬扶梯；你只想試一試，那就什麼都做不到。

4. 生產大眾化的產品時，不但要推出更優良的品質，售價也要便宜至少三成以上。

5. 永不絕望的誠懇和毅力，會改變既定的事實，化解人的堅定意志。

6. 不管別人的嘲弄，只要默默地堅持到底，換來的就是別人的羨慕。

7. 非常時期就必須有非常的想法和行動，不要受外界價值觀干擾。

8. 順應社會的潮流和事物的關係，才是企業得以發展的方式。

9. 有正確的經營理念，才能活用人才、技術、資金、銷售等各方面的制度。

10. 以人性為出發點，因此而建立的經營理念及管理方法，必然正確且強而有力。

11. 經營者除了具備學識、品德外，還要全心投入，隨時反省，才能領悟經營要訣，結出美好的果實。

12. 合理利潤的獲得，不僅是商人經營的目的，也是社會繁榮的基石。

13. 不應該藉巧妙的討價還價賺錢，必須一開始就制定合理的價格。即使對方要求減價也不同意，而是相反，去說服顧客接受這個價格。依我的看法，採取這種方法最成功。

14. 人們對於進退事宜，往往不容易看得開，但有時候為情況需要，卻不得不有所決定。或者，即使並無情勢逼迫，也必須決定自己的進退事宜。

15. 與和自己有往來的公司共存共榮，是企業維持長久發展的唯一道路。

16. 不論處在任何狀況，都要有發現光明之路的能力，有視禍為福的堅毅決心。

17. 任何東西本身皆具有說服力，要善用物品的說服力，但不可用來賄賂。

18. 充分瞭解人情的微妙而善加利用，即使是「壞消息」，也可使人覺得合情合理。

19. 以經濟合理的標準，美化產品造型，才能達到促銷的目的，並形成一種美的文化。

20. 說服的方式因時因地有所不同，預先察知什麼情況適合哪一種說服方式，才是最重要的。掌握對方的性格、情緒，不存說服之心地去說服，才有成功的可能。

21. 腦筋轉個不停，不但使計畫更周詳，別人也會受感染而願全力配合。

22. 把握任何時刻與機會，以謙虛有禮的態度，服務顧客。

23. 一開始就堅持名副其實的信用，等於是自己儲備了龐大的資金。

24. 做生意，要有洞察先機、先發制人的能力，因為這是真刀真槍的決鬥，只許贏，不許輸。

25. 為了不讓外資入侵，即使是一團泥塊，也要將它從水中挽救起來，更何況是被土覆住的金塊。

26. 雖然起步遲，只要不畏挫折，堅持到底，照樣能超越他人。

27. 不論是多麼賢明的人，畢竟只是一個人的智慧；不論是多麼熱心的人，也僅能奉獻一個人的力量。

28. 經營者必須對任何事的成敗負責。所以，他既要充分授權，又要隨時聽到報告，給予適當指導。

29. 敢於要求部下，才是負責任的經營者，也才能突破經營瓶頸。

30. 主管要在工作上，不斷地提出自己的想法和要求。

31. 辛勞被肯定後，所流露的感激，是無與倫比的喜悅。

32. 朝會、唱社歌、朗誦七大精神，是松下電器的傳統，必須遵照執行，貫徹到底。事情一旦決定之後，必須堅持到底，不得自己迷失方向，或被他人言行迷惑，否則不會成功。做生意也是一樣，必須貫徹志向。

33. 不論經營理念或使命感多麼高明，在物質方面若無法滿足人的需求，那麼即使再強調使命感，也沒有人會聽得進去。

34. 唯有懂得欣賞別人長處，才能領導更多的人。

35. 一個領導者應該承認，個人的能力是極為有限的，一個人若做能力以上或以下的工作，都容易遭到失敗。為了避免能力發揮上的缺點，更應該分層負責，這才是提高工作效率最科學的方法。

36. 吸引人才的手段，不是高薪，而是企業所樹立的經營形象。要求職者有誠心，肯苦幹，不一定非用有經驗的人。公司應招募適用的人才，程度過高，不見得就合用。

37. 名刀是由名匠不斷鍾鍊而成的，同樣的，人才的培養，也要經過千錘百鍊。注重新進人員的訓練和指導，因為他們的成長會帶動公司的進步。訓練人才應以人性為管教的模式，並確立賞罰分明的制度。

38. 沒有研究心的人不會進步。所以，中央研究的成立，

就是要以電器的研究，來促進人類繁榮與同業的發展，就如同開發新藥一樣，不斷研究新電器供應世人。

39. 人才是企業成敗的關鍵，唯有順其自然，不憑自己的好惡用人，容忍與自己個性不合的人，並盡量發揮其優點，才能造就人才。提拔年輕人時，不可只提升他的職位，還應該給予支持，幫他建立威信。

40. 經營者要善用人才，並創造一個讓員工能發揮所長的環境。學歷就好比商品上的標籤，論才用人要看品質，不要只注重標籤價碼。

41. 信用既是無形的力量，也是無形的財富。

42. 非經自己努力所得的創新，就不是真正的創新。

43. 今後的世界，並不是以武力統治，而是以創意支配。

44. 爭取顧客的辦法很多，招待觀光絕對比不過親切的笑容。

45. 上天賦予的生命，就是要為人類的繁榮和平和幸福而奉獻。

46. 能虛心接受他人的意見，能虛心去請教他人，才能集思廣益。

47. 一味地增加員工、擴充門面，而不改善編制，好景是維持不了多久的。

48. 謙和的態度，常會使別人難以拒絕你的要求。這也是一個人無往不利的要訣。

49. 經營企業，是許多環節的共同運作，差一個念頭，就決定整個失敗。

50. 忙碌和緊張，能帶來高昂的工作情緒；只有全神貫注時，工作才能產生高效率。

51. 勤勞工作、誠懇待人是邁向成功的唯一途徑。這與沒有嘗過辛苦，而獲得成功的滋味迴然不同。不下工夫，卻能成功，根本是不可能的事情。

52. 利用顧客抱怨創造契機。顧客的抱怨是很嚴重的警告，但誠心誠意去處理顧客抱怨的事，往往又是創造另一個機會的開始。

53. 命運是一件很不可思議的東西。雖人各有志，往往在實現理想時會遭遇到許多困難，反而會使自己走向與志趣相反的路，而一舉成功。我想我就是這樣。

54. 發揮無形資本（時間、精力、抱負、思考），輔助有形資本（資金、人力、原料、社會關係），為前人所未曾為，做今人所不敢。

55. 我想一個人的尊嚴，並不在於他能賺多少錢，或獲得什麼社會地位，而在於他能不能發揮個人的專長，過有意義的生活。一百個人不能都做一樣的事，各有不同的生活方式。生活雖不同，但是發揮自己的天分與專長，並使自己陶醉在這種喜悅之中，與社會大眾共享，在奉獻中，領悟出自己的人生價值，這是現代人普遍期望的。

56. 我們不必羨慕他人的才能，也不用悲嘆自己的平庸；各人都有自己的個性魅力。最重要的，就是認識自己的個性，而加以發展。

57. 高薪帶出高效率—員工有了安定生活的保障，才能發揮十二分的努力，勤勉工作。

58. 人的一生，或多或少，總是難免有浮沉，不會永遠如旭日東昇，也不會永遠痛苦潦倒。反覆地一浮一沉，對於一個人來說，正是磨練。因此，浮在上面的，不必驕傲；沉在底下的，更不用悲觀，必須以率直、謙虛的態度，樂觀地向前邁進。

成功的秘訣就是：
到成功為止絕不放棄

文經閣　圖書目錄

文經書海

01	厚黑學新商經	史　晟	定價：169元
02	卓越背後的發現	秦漢唐	定價：220元
03	中國城市性格	牛曉彥	定價：240元
04	猶太人新商經	鄭　鴻	定價：200元
05	千年商道	廖曉東	定價：220元
06	另類歷史-教科書隱藏的五千年	秦漢唐	定價：240元
07	新世紀洪門	刁 平	定價：280元
08	做個得人疼的女人	趙雅鈞	定價：190元
09	做最好的女人	江 芸	定價：190元
10	卡耐基夫人教你作魅力的女人	韓 冰	定價：220元
11	投日十大巨奸大結局	化 夷	定價：240元
12	民國十大地方王大結局	化 夷	定價：260元
13	才華洋溢的昏君	夏春芬	定價：180元
14	做人還是厚道點	鄭 鴻	定價：240元
15	泡茶品三國	秦漢唐	定價：240元
16	生命中一定要嘗試的43件事	鄭 鴻	定價：240元
17	中國古代經典寓言故事	秦漢唐	定價：200元
18	直銷寓言	鄭 鴻	定價：200元
19	直銷致富	鄭 鴻	定價：230元
20	金融巨鱷--索羅斯的投資鬼點子	鄭 鴻	定價：200元
21	定位自己一千萬別把自己當個神	鄭正鴻	定價：230元
22	當代經濟大師的三堂課	吳冠華	定價：290元
23	老二的智慧--歷代開國功臣--	劉 博	定價：260元
24	人生戒律81	魏 龍	定價：220元
25	動物情歌	李世敏	定價：280元
26	歷史上最值得玩味的100句妙語	耿文國	定價：220元
27	正思維PK負思維	趙秀軍	定價：220元
28	從一無所有到最富有	黃 欽	定價：200元
29	孔子與弟子的故事	汪 林	定價：190元
30	小毛病大改造	石向前	定價：220元
31	100個故事100個哲理	商金龍	定價：220元
32	李嘉誠致富9大忠告	王井豔	定價：220元

33	銷售的智慧	趙秀軍	定價：220元
34	你值多少錢？	朱 彤	定價：220元
35	投資大師華倫巴菲特的智慧	隋曉明	定價：240元
36	電腦鉅子比爾蓋茲的智慧	隋曉明	定價：240元
37	世界十大股神	白亮明	定價：249元
38	智謀--中國歷代智庫全集	耿文國	定價：240元
39	有一種堅持叫自信	魏一龍	定價：200元
40	多大度量成多大事	魏一龍	定價：230元
41	黃埔精神--黃埔精神與現代企業管理	劉志軍	定價：200元
42	理財改變你的一生	喬飛雲	定價：240元
43	低調--有一種境界叫彎曲	石向前	定價：240元
44	如何找份好工作	耿文國	定價：240元
45	李嘉誠50年經商哲學	耿文國	定價：280元
46	破壞感情的45句蠢話	婷婷	定價：240元
47	赤壁之戰	張雲風	定價：299元
48	選擇放下，選擇一份淡定從容	秦漢唐	定價：210元
49	謝謝的力量	陶 濤	定價：240元
50	日本人憑什麼	周興旺	定價：280元
51	一句話一輩子一生行	郭達豐	定價：210元
52	匯率戰爭	王 暘	定價：280元
53	改變世界的一句話	張建鵬	定價：220元
54	哈佛校訓給大學生的24個啓示	郭亞維	定價：280元
55	台灣十大企業家創富傳奇	王擁軍	定價：280元
56	香港十大企業家創富傳奇	穆志濱 柴娜	定價：280元
57	最神奇的經濟學定律	黃曉林黃夢溪	定價：280元
58	最神奇的心理學定律	黃 薇	定價：320元
59	18歲前就該讀哈佛人生哲理	王愛民	定價：240元
60	魅力經濟學	強宏	定價：300元
61	世界與中國大趨勢	楊雲鵬	定價：420元
62	看故事學投資	聶小晴	定價：240元
63	精明的浙江人可怕的溫州人	田媛媛	定價：280元
64	賈伯斯的創新課，比爾蓋茲的成功課	朱娜 喬麥	定價：380元
65	改變自己影響世界的一句話	楊雲鵬	定價：280元
66	西點軍校36菁英法則	楊雲鵬	定價： 320元
67	劍橋倚天屠龍史	新垣平	定價： 300元

68	王陽明的人生64個感悟	秦漢唐	定價：240元
69	華人首富李嘉誠致富心路	姜波	定價：270元
70	億萬富豪給子女的一生忠告	洛克菲勒等	定價：280元
71	天下潮商--東方猶太人財富傳奇	王擁軍	定價：280元
72	看懂世界金融	田媛媛	定價：280元
73	那些年我們曾熟悉的情詩情事	秦漢唐	定價：240元

職場生活

01	公司就是我的家	王寶瑩	定價：240元
02	改變一生的156個小習慣	憨氏	定價：230元
03	職場新人教戰手冊	魏一龍	定價：240元
04	面試聖經	Rock Forward	定價：350元
05	世界頂級CEO的商道智慧	葉光森 劉紅強	定價：280元
06	在公司這些事，沒有人會教你	魏成晉	定價：230元
07	上學時不知，畢業後要懂	賈宇	定價：260元
08	在公司這樣做討人喜歡	大川修一	定價：250元
09	一流人絕不做二流事	陳宏威	定價：260元
10	聰明女孩的職場聖經	李娜	定價：220元
11	像貓一樣生活，像狗一樣工作	任悅	定價：320元
12	小業務創大財富—直銷致富	鄭鴻	定價：240元
13	跑業務的第一本Sales Key	趙建國	定價：240元
14	直銷寓言--激勵自己再次奮發的寓言故事	鄭鴻	定價：240元
15	日本經營之神松下幸之助的經營智慧	大川修一	定價：220元
16	世界推銷大師實戰實錄	大川修一	定價：240元
17	上班那檔事--職場中的讀心術	劉鵬飛	定價：280元
18	一切成功始於銷售	鄭鴻	定價：240元

身心靈成長

01	心靈導師帶來的36堂靈性覺醒課	姜波	定價：300元
02	內向革命-心靈導師A.H.阿瑪斯的心靈語錄	姜波	定價：280元
03	生死講座——與智者一起聊生死	姜波	定價：280元
04	圓滿人生不等待	姜波	定價：240元
05	看得開放得下——本煥長老最後的啓示	淨因	定價：300元
06	安頓身心--喚醒內心最美好的感覺	麥克羅	定價：280元

35	《史記》故事導讀	姜波	定價：340元
36	《資治通鑑》故事導讀	姜波	定價：300元
37	厚黑學全集【參】厚黑心術	李宗吾	定價：300元
38	《碧巖錄》中的100大智慧	于水音	定價：280元

人物中國：

01	解密商豪胡雪巖《五字商訓》	侯書森	定價：220元
02	睜眼看曹操-雙面曹操的陰陽謀略	長　浩	定價：220元
03	第一大貪官-和珅傳奇（精裝）	王輝盛珂	定價：249元
04	撼動歷史的女中豪傑	秦漢唐	定價：220元
05	睜眼看慈禧	李 傲	定價：240元
06	睜眼看雍正	李 傲	定價：240元
07	睜眼看秦皇	李 傲	定價：240元
08	風流倜儻-蘇東坡	門冀華	定價：200元
09	機智詼諧大學士-紀曉嵐	郭力行	定價：200元
10	貞觀之治-唐太宗之王者之道	黃錦波	定價：220元
11	傾聽大師李叔同	梁　靜	定價：240元
12	品中國古代帥哥	頤　程	定價：240元
13	禪讓--中國歷史上的一種權力遊戲	張　程	定價：240元
14	商賈豪俠胡雪巖(精裝)	秦漢唐	定價：169元
15	歷代后妃宮闈傳奇	秦漢唐	定價：260元
16	歷代后妃權力之爭	秦漢唐	定價：220元
17	大明叛降吳三桂	鳳　娟	定價：220元
18	鐵膽英雄一趙子龍	戴宗立	定價：260元
19	一代天驕成吉思汗	郝鳳娟	定價：230元
20	弘一大師李叔同的後半生-精裝	王湜華	定價：450元
21	末代皇帝溥儀與我	李淑賢口述	定價：280元
22	品關羽	東方誠明	定價：260元
23	明朝一哥　王陽明	呂 崢	定價：280元
24	季羨林的世紀人生	李 琴	定價：260元
25	民國十大奇女子的美麗與哀愁	蕭素均	定價：260元
26	這個宰相不簡單--張居正	逸 鳴	定價：260元
27	六世達賴喇嘛倉央嘉措的情與詩	任倬灝	定價：260元
28	曾國藩經世101智慧	吳金衛	定價：280元
29	魏晉原來是這麼瘋狂	姚勝祥	定價：280元

30	王陽明悟人生大智慧	秦漢唐	定價：280元
31	不同於戲裡說的雍正皇帝	秦漢唐	定價：240元
32	不同於戲裡說的慈禧太后	秦漢唐	定價：240元
33	~~不同於戲裡說的一代女皇武則天~~	~~秦漢唐~~	~~定價：240元~~
34	後宮女人心計	秦漢唐	定價：220元
35	心學大師王陽明	秦漢唐	定價：200元

三國文學館

01	三國之五虎上將 關雲長	東方誠明	定價：260元
02	三國志人物故事集	秦漢唐	定價：260元
03	三國之鐵膽英雄 趙子龍	戴宗立	定價：260元

中國四大美女新傳

01	壹 沉魚篇--西施	張雲風	定價：260元
01	貳 落雁篇--王昭君	張雲風	定價：260元
01	參 閉月篇--貂蟬	張雲風	定價：260元
01	肆 羞花篇--楊貴妃	張雲風	定價：260元

智慧中國

01	莊子的智慧	葉 舟	定價：240元
01-1	莊子的智慧-軟皮精裝版	葉 舟	定價：280元
02	老子的智慧	葉 舟	定價：240元
02-1	老子的智慧-軟皮精裝版	葉 舟	定價：280元
03	易經的智慧	葉 舟	定價：240元
03-1	易經的智慧-軟皮精裝版	葉 舟	定價：280元
04	論語的智慧	葉 舟	定價：240元
04-1	論語的智慧-軟皮精裝版	葉 舟	定價：280元
05	佛經的智慧	葉 舟	定價：240元
06	法家的智慧	張 易	定價：240元
07	兵家的智慧	葉 舟	定價：240元
08	帝王的智慧	葉 舟	定價：240元
09	百喻經的智慧	魏晉風	定價：240元
10	道家的智慧	張 易	定價：240元
10-1	道家的智慧-軟皮精裝版	張 易	定價：280元
11	菜根譚大智慧	魏晉風	定價：280元
12	心經的智慧	何躍青	定價：240元

國家圖書館出版品預行編目資料

日本經營之神松下幸之助的經營智慧 / 大川修一 編著

一 版. -- 臺北市 :廣達文化, 2012.11

; 公分. -- (文經閣)(職場生活：15)

ISBN 978-957-713-510-0 (平裝)

1. 松下幸之助　2. 學術思想 3. 企業經營

494　　101018314

日本經營之神
松下幸之助的經營智慧

榮譽出版：文經閣

叢書別：職場生活 15

作者：大川修一 編著
出版者：廣達文化事業有限公司
Quanta Association Cultural Enterprises Co. Ltd
發行所：臺北市信義區中坡南路路 287 號 4 樓
電話：27283588　傳真：27264126　　E-mail：*siraviko@seed.net.tw*
劃撥帳戶：廣達文化事業有限公司　帳號：19805170

印　刷：卡樂印刷排版公司　　裝　訂：秉成裝訂有限公司

代理行銷：創智文化有限公司
23674 新北市土城區忠承路 89 號 6 樓　電話：02-2268-3489　傳真：02-2269-6560

CVS 代理：美璟文化有限公司
電話：02-27239968　傳真：27239668

一版一刷：2013 年 4 月

定　價：220 元

書山有路勤為徑
學海無崖苦作舟

文經閣

書山有路勤為徑

學海無崖苦作舟

文經閣